工程软件职场应用实例精析丛书

Mastercam 多轴铣削加工应用实例

主　编　韩富平　　洪非凡　　李元瑞

副主编　刘加勇　　李君旸　　任士明

参　编　刘冬青　　赵　昱　　张静静　　岳宗波

　　　　李凤波　　甘卫华　　孙淑君　　田东婷

　　　　张　惠　　陈　琳　　张　宁

主　审　袁　懿　　曹怀明　　李春光

机械工业出版社

本书主要介绍 Mastercam 多轴铣削加工路径的应用和技巧，帮助读者提高在实际生产中的工作能力。本书共 10 章，第 1 章是 Mastercam 2022 的操作界面及应用要点，第 2 章是四轴铣削策略应用（四轴定面加工、替换轴倒角加工、替换轴粗加工），第 3 章是刀轴控制策略应用（直线、曲面、平面、从点、到点、曲线），第 4 章是传统五轴加工策略应用（沿边、沿面、多曲面、钻孔、铣孔），第 5 章是高级五轴加工策略应用（投影、平行之曲线、渐变、侧刃铣削、高级旋转、通道及通道专家、叶片专家），第 6 ～ 9 章介绍了四轴、五轴铣削加工实例（N95 口罩刀模、大力神杯、叶轮、技能大赛样题），第 10 章主要介绍了四轴、五轴后处理应用实例。本书采用通俗易懂的语言和图文并茂的形式进行讲解，实例安排从简单到复杂、循序渐进，可让读者充分领悟 Mastercam 2022 多轴铣削加工的工艺思路，达到事半功倍的效果。扫描前言中的二维码，可获得书中所有实例模型的源文件、结果文件和讲解视频，供读者在学习过程中参考练习。联系 QQ296447532，可获得授课 PPT 文件。

本书可供数控技术专业学生、技术人员使用。

图书在版编目（CIP）数据

Mastercam 多轴铣削加工应用实例 / 韩富平，洪非凡，李元瑞主编．—北京：机械工业出版社，2022.11（2024.8 重印）
（工程软件职场应用实例精析丛书）
ISBN 978-7-111-72749-1

Ⅰ. ① M… Ⅱ. ①韩… ②洪… ③李… Ⅲ. ①数控机床—加工—计算机辅助设计—应用软件 Ⅳ. ① TG659.022

中国国家版本馆 CIP 数据核字（2023）第 040044 号

机械工业出版社（北京市百万庄大街 22 号 邮政编码 100037）
策划编辑：周国萍 责任编辑：周国萍 章承林
责任校对：张爱妮 陈 越 封面设计：马精明
责任印制：郜 敏
北京富资园科技发展有限公司印刷
2024 年 8 月第 1 版第 3 次印刷
184mm×260mm・16.25 印张・372 千字
标准书号：ISBN 978-7-111-72749-1
定价：69.00 元

电话服务 网络服务
客服电话：010-88361066 机 工 官 网：www.cmpbook.com
010-88379833 机 工 官 博：weibo.com/cmp1952
010-68326294 金 书 网：www.golden-book.com
封底无防伪标均为盗版 机工教育服务网：www.cmpedu.com

前　言

Mastercam 是一款强大的 CAD/CAM 应用软件，提供了广泛的多轴加工策略，可以完成大部分各种形状零件的加工，已成为一款用户量庞大的应用软件。

本书的编纂思路是以多轴加工策略和实例为主要讲解对象，对加工思路以及软件操作进行阐述。通过学习本书，可以掌握以下内容：

1）Mastercam 2022 的操作界面及应用要点。

2）四轴铣削策略应用。

3）刀轴控制策略应用。

4）传统五轴加工策略应用。

5）高级五轴加工策略应用。

6）四轴、五轴铣削加工实例应用。

7）四轴、五轴后处理配置应用实例。

本书主要特点：

1）由浅入深。从刀路控制策略，传统五轴加工策略，高级五轴加工策略，四轴、五轴铣削加工实例，到四轴、五轴后处理配置应用实例，循序渐进地讲解。

2）实用性强。本书实例来自企业生产和技能大赛，能够让读者掌握实际操作技巧。

3）技术含量高。包含多轴加工策略讲解及四轴、五轴后处理配置应用实例讲解。

4）配置资源丰富。本书包含第 2～9 章实例模型的源文件、结果文件、视频文件和授课 PPT 文件。

本书由 Mastercam 认证的教师和北京昊威科技有限公司的工程师共同编写。在编写的过程中得到了多方面的支持和帮助，在此特别感谢北京昊威科技有限公司提供的 Mastercam 2022 正版软件及技术支持。

由于编者水平有限，书中难免存在错误与不妥之处，恳请广大读者不吝赐教。

编　者

模型文件　　　　　结果文件　　　　　视频文件

目　　录

第1章 Mastercam 2022 的操作界面及应用要点

1.1 Mastercam 2022 软件操作界面及工具条

Mastercam 2022 软件操作界面如图 1-1 所示。

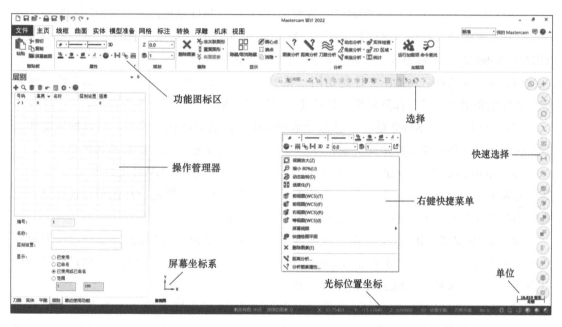

图 1-1

（1）功能图标区 包括文件、主页、线框、曲面、实体、模型准备、网格、标注、转换、浮雕、机床、视图等，使用快捷、方便、灵活。

（2）操作管理器 用于对执行的操作进行管理。操作管理器会记录大部分操作，可以在其中对操作进行重新编辑定义。

（3）选择 可以在整个图形或现在选择集的范围内选择，通过选择抓取方式，设置光标特性以及实体的线面快速选择。

（4）快速选择 与传统选择相比，对象选择管理器可以提供更复杂的过滤选项，通过过滤点、线、面、实体的特性进行选择。

（5）右键快捷菜单 在绘图区右击，可以弹出右键快捷菜单。

（6）单位 在绘图区的右下角，用于显示当前的绘图单位。

（7）屏幕坐标系　坐标轴图标在绘图区左下角，用于显示当前视图的坐标方向。

（8）光标位置坐标　光标在界面中当前的实时位置坐标。

1.2　Mastercam 2022 输入与输出模型方法

目前，世界上有数十种著名的 CAD/CAM 软件系统，每一个软件的开发商都以自己的小型几何数据库和算法来管理和保存图形文件。例如，UG 的图形文件扩展名是“.prt”，AutoCAD 的图形文件扩展名是“.dwg”，CAXA 的图形文件扩展名是“.mxe”，Mastercam 2022 的图形文件扩展名是“.mcam”等。这些图形文件的保存格式不同，相互之间不能交换与分享，阻碍了 CAD 技术的发展。为此人们研究出高级语言程序与 CAD 系统之间的交换图形数据，实现了产品数据的统一管理。通过数据接口，Mastercam 2022 软件可以与 Pro/E、UG、CATIA、IDEAS、SolidEdge、SolidWorks 等软件共享图形信息。常用格式有：

（1）ASCII 文件　ASCII 文件是指用一系列点的 X、Y、Z 坐标组成的数据文件，这种转换文件主要用于将三坐标测量机、数字化仪或扫描仪的测量数据转换成图形。

（2）STEP 文件　STEP 是一个包含一系列应用协议的 ISO 标准格式，可以描述实体、曲面和线框，这种转换文件定义严谨、种类庞大，是目前工业界常用的标准数据格式。

（3）Autodesk 文件　Autodesk 软件可以写出两种类型文件：DWG 文件和 DXF 文件，其中 DWG 文件是 Autodesk 软件存储图形的文件格式，DXF 文件是一种图形交换标准，主要作为与 AutoCAD 和其他 CAD 系统必备的图形交换接口。

（4）IGES 文件　IGES 文件格式是美国提出的初始化图形交换标准，是目前使用最广泛的图形交换格式之一。IGES 格式支持点、线、曲面以及一些实体的表达，通过该接口可以与市场上绝大多数 CAD/CAM 软件共享图形信息。

（5）Parasolid 文件　Parasolid 文件是一种新的实体核心技术模块，现在越来越多的 CAD 软件都采用这种技术，例如 Pro/E、SolidWorks、VG NX、CATIA 等，一般用于实体模型转换。

（6）STL 文件　STL 文件是在三位多层扫描中利用的一种 3D 网格数据模式，常用于快速成型（PR）系统中，也可用于数据浏览和分析中。Mastercam 2022 还提供了一个功能，即通过 STL 文件直接生成刀具路径。

（7）SolidWorks、UG NX、Pro/E 文件　Mastercam 2022 可以直接读取 SolidWorks、UG NX、Pro/E 文件，这类接口可以保证软件图形之间的无缝切换。

1.2.1　模型输入

打开 Mastercam 2022 软件系统，选择“文件”→“打开”命令，输入模型文件及完成模型输入的界面如图 1-2 所示；完成模型输入如图 1-3 所示。

此外，也可直接将文件拖拽到绘图区。

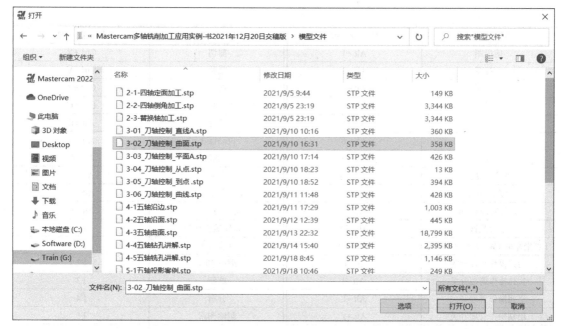

图　1-2

图　1-3

1.2.2　模型输出

打开 Mastercam 2022 软件系统，打开模型文件，选择"文件"→"另存为"，保存所需的文件格式。

1.3　Mastercam 2022 快捷键的使用技巧

Mastercam 2022 系统默认常用功能快捷键见表 1-1，读者也可根据个人工作习惯定义快捷键，以 <Ctrl> 或 <Alt> 及 <Shift> 键进行设置。想要单独设置字母为快捷键，需设置安装盘：文档 \My Mastercam 2022\Mastercam\CONFIG 中的"mastercam.kmp"文件。

表 1-1

功　　能	快　捷　键	功　　能	快　捷　键
俯视图	Alt +1	剪切	Ctrl +X
前视图	Alt +2	粘贴	Ctrl +V
后视图	Alt +3	撤销	Ctrl +Z
仰视图	Alt +4	复制	Ctrl +C
右视图	Alt +5	隐藏图素	Alt +E
左视图	Alt +6	自动保存	Alt +A
等视图	Alt +7	运行加载项	Alt +C
屏幕适度化	Alt +F1	着色	Alt +S
缩小 80%	Alt +F2	参考图形属性	Alt +X
退出 Mastercam	Alt +F4	标注自定义	Alt +D
系统配置	Alt +F8	显示隐藏坐标轴	F9
工件坐标系（WCS）/C/T 坐标轴	Alt +F9	视窗放大	F1
刀路操作管理开关	Alt +O	缩小 50%	F2
实体操作管理开关	Alt +I	刷新	F3
平面操作管理开关	Alt +L	分析	F4
层别操作管理开关	Alt +Z	删除图素	F5
多线程管理开关	Alt +M	浮雕操作管理开关	Alt +B

1.4　Mastercam 2022 基本操作要点

1.4.1　机床选择

在"机床"选项卡中选择"铣床"→"管理列表"→"MILL 4-AXIS VMC MM.mcam-mmd"，单击"添加"→ ✓ 按钮，选择"MILL 4-AXIS VMC MM.mcam-mmd"进行定义，如图 1-4 所示。

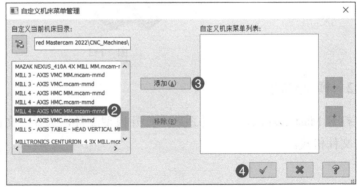

图 1-4

1.4.2　创建加工坐标系

打开 Mastercam 2022 软件，按 <Alt+F9> 键显示系统原始坐标系，同时显示 WCS、绘图平面、刀具平面。该坐标系原点是固定不变的，一般可以作为机床坐标系原点，也就是编程原点。

在操作管理器单击"平面"菜单,选择"➕"新建平面图标,选择"依照实体面 ..."命令新建坐标系,如图 1-5 所示。

设置视图平面,在新建平面中"G"字母对应的空格处单击,视图平面立刻转为新建平面,后面多轴加工编程时需要用到。

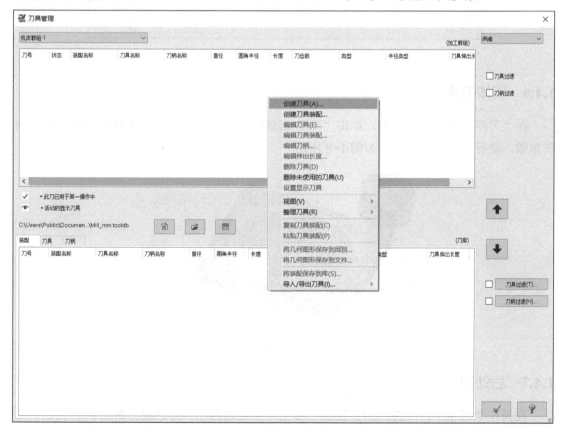

图 1-5

1.4.3 创建毛坯

Mastercam 2022 提供了四种毛坯选择功能,分别是立方体、圆柱体、实体、文件。立方体和圆柱体毛坯一般用于标准规则的产品;实体可用于不规则的复杂产品;文件是实体转换保存的文件格式,可用于二次加工自定义毛坯文件格式。

1.4.4 创建刀具

选择"刀路"→"工具"→"刀具管理",弹出"刀具管理"对话框(图 1-6),在空白处右击,选择"创建刀具 ..."命令,选择所需刀具,按照步骤设置刀具参数。

图 1-6

1.4.5 设置安全高度

在"共同参数"里面，分别根据需要设置"安全高度""参考高度""下刀位置""工件表面""深度"，如图 1-7 所示。

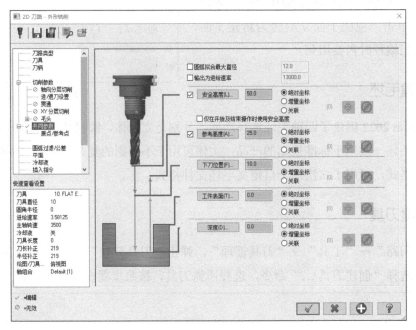

图　1-7

1.4.6 实体仿真

在"刀路"操作管理器中，单击"🔧"实体验证图标，弹出实体仿真对话框，设置相关参数，进行实体仿真加工，如图 1-8 所示。

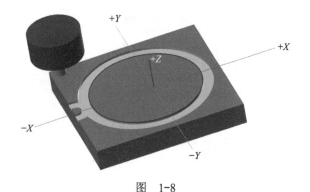

图　1-8

1.4.7 后处理

在操作管理器中，单击"G1"图标，弹出"后处理程序"对话框，单击 ✔ 按钮，生成 G 代码文件。

1.5　Mastercam 2022 层别应用

1.5.1　设置层别的方法

在操作管理器中，单击"层别"，进入"层别"对话框，如图 1-9 所示。

图　1-9

1）➕：新建层别。

2）🔍：查找层别。

3）≋：开启全部层别。

4）≋：关闭全部层别，但当前行层别不关闭。

5）号码：层的编号。

6）高亮：可开启或关闭层。

7）名称：可为层输入注解。

1.5.2　更改图素层别的方法

在绘图区右击，移动光标至变更层别上方，如图 1-10 所示。

绘图区出现提示"选择要改变层别的图素",单击要更改的图素,选择完成后单击"结束选择",弹出"更改层别"对话框,如图 1-11 所示。

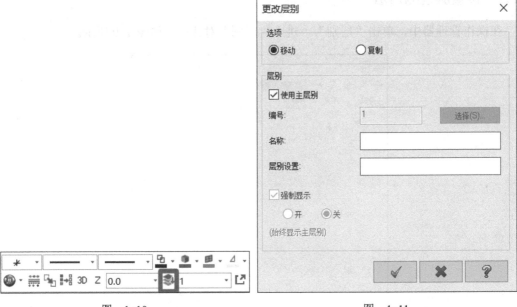

图 1-10　　　　　　　　　　　　　　　图 1-11

"更改层别"对话框说明如下:

1)移动:单击"移动"单选按钮,将被选取的图素移动至新的层别位置上。

2)复制:单击"复制"单选按钮,将被选取的图素复制至新的层别位置上,而且保留原来的被选取的图素。

3)使用主层别:当该选项被开启时,将被选取的图素变更到当前系统图层。反之,当该复选按钮被关闭时,可输入更改层别的编号或单击"选择"按钮,去选择要更改的层别编号。

4)强制显示:单击"强制显示"复选按钮,移动层别后,可将所选图素的层别及时显示或隐藏。

第 2 章 四轴铣削策略应用

2.1 四轴定面加工

2.1.1 四轴定面加工模型

图 2-1 所示零件主要介绍动态铣削、刀路转换的使用。在这个例子中使用实体模型进行刀路的编制。毛坯要求直径为 50mm，长度为 175mm，材质为 45 钢。

图 2-1

2.1.2 工艺方案

四轴定面加工模型的加工工艺方案见表 2-1。

表 2-1

工 序 号	加 工 内 容	加 工 方 式	机 床	刀 具
1	粗加工	动态铣削	四轴 VMC 机床	ϕ10mm 平铣刀
2	刀路转换	刀路转换	四轴 VMC 机床	ϕ10mm 平铣刀

此类零件装夹比较简单，利用自定心卡盘夹持即可。

2.1.3 准备加工模型

打开 Mastercam 2022 软件，进入主界面，打开模型，步骤如下：单击"文件"→"打开"→"模型"，选择文件，单击"打开"按钮，如图 2-2 所示。

图 2-2

2.1.4 机床选择、毛坯、创建新平面的设定

1. 机床选择

在"机床"选项卡中选择"铣床"→"管理列表"→"MILL 4-AXIS VMC MM.mcam-mmd",单击"添加"→ ✓ 按钮,选择"MILL 4-AXIS VMC MM.mcam-mmd"进行定义,如图 2-3 所示。

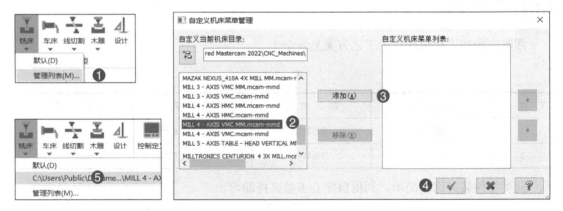

图 2-3

2. 毛坯的设定

在操作管理器中选择"刀路"→"毛坯设置"进行定义,"形状"选项组中设定的参数如下:勾选"圆柱体"单选按钮,选择"所有图素",单击 ✓ 按钮,如图 2-4 所示。

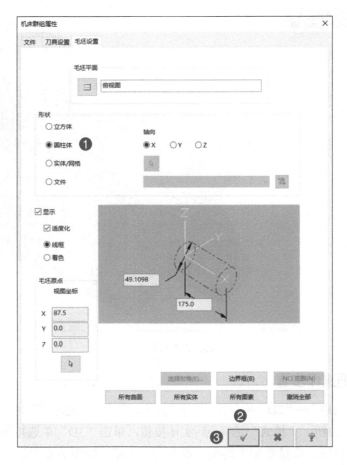

图　2-4

3. 创建新平面

在"平面"操作管理器中选择"➕"创建新平面，选择"动态..."命令，将"名称"改为"NC"，勾选"设置为"中"WCS""绘图平面""刀具平面"复选按钮，将原点调至如图 2-5 所示位置，单击 ✓ 按钮，创建新平面。

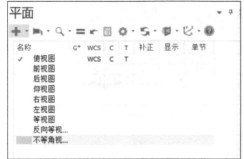
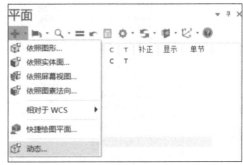

图　2-5

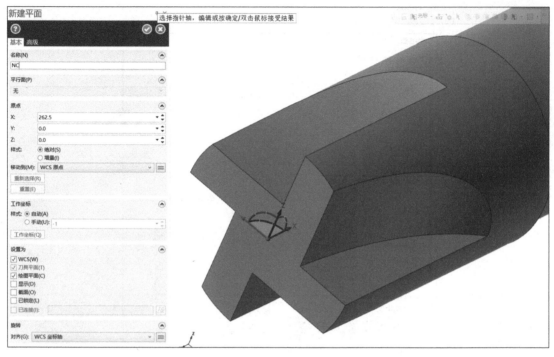

图 2-5（续）

2.1.5　编程详细操作步骤

　　步骤: 单击"刀路"→"2D"→"动态铣削"按钮, 弹出"串连选项"对话框, "加工范围"选择 加工串连按钮, "模式"选择 实体按钮, 单击"3D"单选按钮, "选择方式"选择 实体面按钮。选择要加工的面, 单击 按钮, 如图 2-6 所示。"空切区域"选择 空切范围按钮, "模式"选择 实体按钮, 单击"3D"单选按钮, "选择方式"选择 部分环按钮, 选择要空切的首尾环线段, 单击 按钮, 如图 2-7 所示。

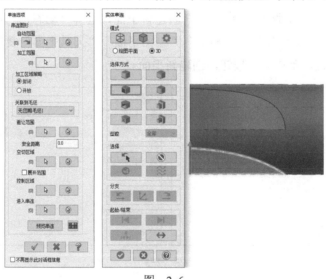

图 2-6

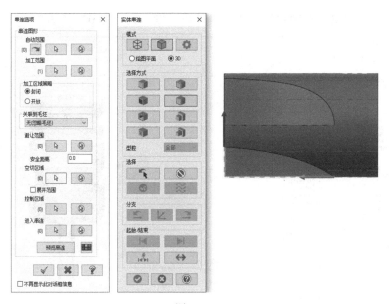

图 2-7

需要设定的参数如下：

1）刀具：新建 ϕ10mm 平铣刀，"主轴转速"为"4500"，"进给速率"为"2500.0"，"下刀速率"为"2000.0"，勾选"快速提刀"复选按钮（图 2-8）。

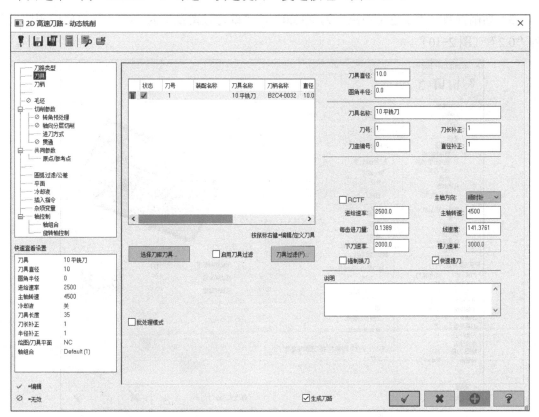

图 2-8

2）刀柄：选用"B2C4-0032"，"刀具伸出长度"为"35.0"（图 2-9）。

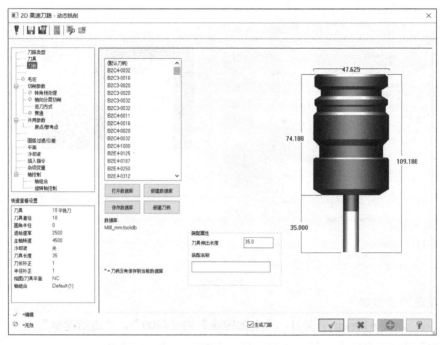

图　2-9

3）切削参数："步进量距离"为"15.0"，"壁边预留量"为"0.3"，"底面预留量"为"0.2"（图 2-10）。

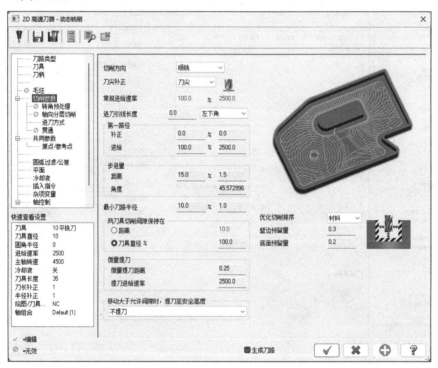

图　2-10

4）共同参数：勾选"安全高度…"复选按钮，其值为"35.0"，勾选"绝对坐标"单选按钮；"下刀位置…"为"3.0"，勾选"增量坐标"单选按钮；"毛坯顶部…"为"25.0"，勾选"绝对坐标"单选按钮；"深度…"为"–0.0"，勾选"增量坐标"单选按钮（图 2-11）。

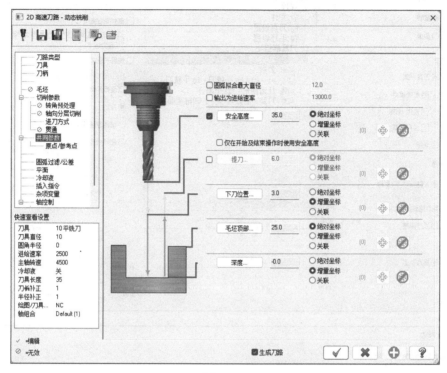

图　2-11

5）单击 ✔ 按钮，执行刀具路径运算，刀具路径运算结果如图 2-12 所示。

图　2-12

2.1.6　刀路转换

步骤：单击"刀路"→"工具"→"刀路转换"按钮，弹出"转换操作参数"对话框，"刀路转换类型与方式"选项卡中设定的参数如下："类型"选择"旋转"→"方式"选择"刀具平面"→"来源"选择"NCI"→勾选"复制原始操作"和"关闭选择原始操作后处理（避免产生重复程序）"复选按钮；"旋转"选项卡中设定的参数如下：实例阵列次选择"3"，勾选"角度之间"单选按钮，起始角度∠为"90.0"，扫描角度∠为"90.0"（顺时针旋转角度为负值），勾选"旋转视图"复选按钮，选择"右视图"，如图 2-13 所示。

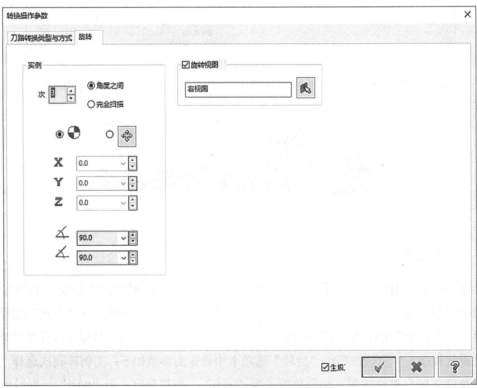

图 2-13

单击 √ 按钮，执行刀具路径运算，刀具路径运算结果如图 2-14 所示。

图　2-14

> **注意**
>
> 　　这个刀具路径是不能上机床加工的，需要改第一条原始刀具路径中的"共同参数"的"安全高度"为 50，再计算一下，否则刀柄和工件会发生碰撞。

2.2　替换轴倒角加工

2.2.1　四轴倒角加工模型

四轴倒角加工模型如图 2-15 所示。本节主要介绍外形铣削、替换轴的使用，并使用实体模型进行刀路的编制，材质为 2A12。

图　2-15

2.2.2　工艺方案

四轴倒角加工模型假设只做倒角加工，其加工工艺方案见表 2-2。

表　2-2

工 序 号	加 工 内 容	加 工 方 式	机　　床	刀　　具
1	四轴倒角加工	外形铣削	四轴 VMC 机床	ϕ10mm 倒角刀

此类零件装夹比较简单，利用自定心卡盘夹持即可。

2.2.3　准备加工模型

打开 Mastercam 2022 软件，进入主界面，打开模型，步骤如下：单击"文件"→"打开"→"模型"，选择文件，单击"打开"按钮，如图 2-16 所示。

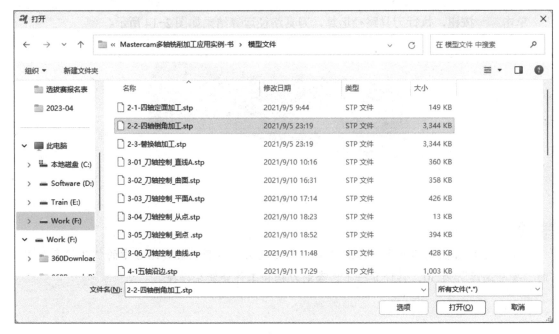

图 2-16

2.2.4 机床选择、毛坯、辅助线的设定

1. 机床选择

在"机床"选项卡中选择"铣床"→"管理列表"→"MILL 4-AXIS VMC MM.mcam-mmd"，单击"添加"→ ✓ 按钮，选择"MILL 4-AXIS VMC MM.mcam-mmd"进行定义，如图 2-17 所示。

2. 毛坯的设定

在"刀路"操作管理器中选择"毛坯设置"进行定义，"形状"选项组中设定的参数如下：勾选"圆柱体"单选按钮，选择"所有实体"，单击 ✓ 按钮，如图 2-18 所示。

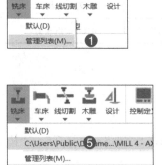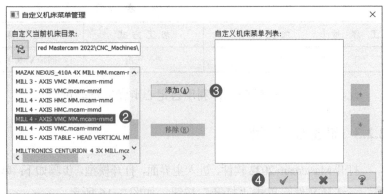

图 2-17

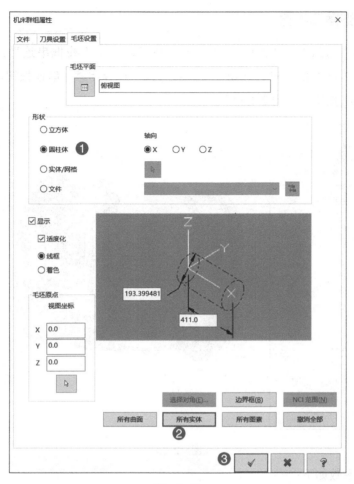

图　2-18

3．绘制辅助线

绘制的辅助线如图 2-19 所示。

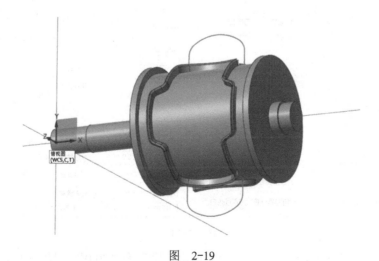

图　2-19

2.2.5　编程详细操作步骤

步骤：单击"刀路"→"2D"→"外形"按钮，弹出"线框串连"，"模式"选择
⊞ 线框按钮，单击"3D"单选按钮，"选择方式"选择 🔗 串连按钮，选择要加工的
辅助线，单击 ✓ 按钮，如图 2-20 所示。

图　2-20

需要设定的参数如下：

1）刀具：新建 ϕ10mm 倒角刀，"主轴转速"为"4500"，"进给速率"为"1000.0"，
"下刀速率"为"600.0"，勾选"快速提刀"复选按钮（图 2-21）。

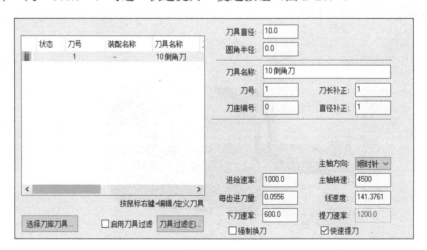

图　2-21

2）刀柄：选用"B2C4-0032"，"刀具伸出长度"为"30.0"（图 2-22）。

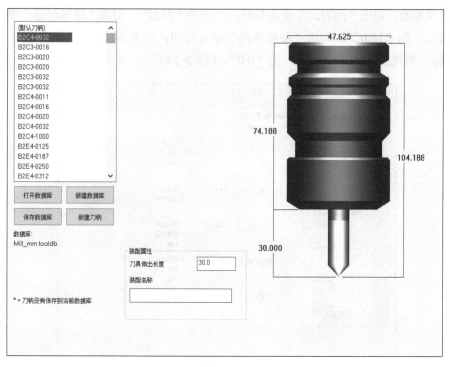

图　2-22

3）切削参数："外形铣削方式"选择"3D 倒角"，"倒角宽度"为"0.0"，"底部偏移"为"1.0"，"壁边预留量"为"0.0"，"底面预留量"为"0.0"（图2-23）。

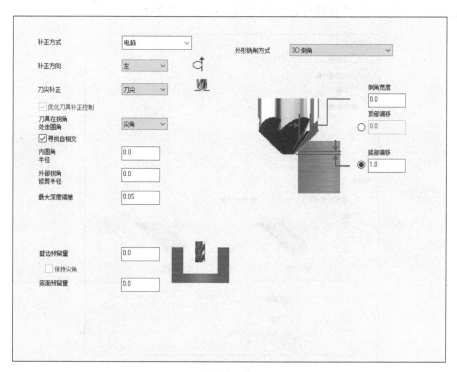

图　2-23

4）共同参数：勾选"提刀..."复选按钮，其值为"25.0"，勾选"增量坐标"单选按钮；"下刀位置..."为"10.0"，勾选"增量坐标"单选按钮；"毛坯顶部..."为"96.7"，勾选"绝对坐标"单选按钮；"深度..."为"0.0"（图2-24）。

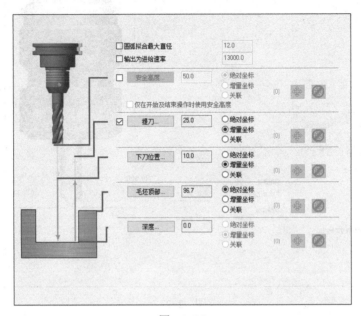

图　2-24

5）轴控制："旋转方式"选择"替换轴"，"替换轴"选择"替换Y轴"，"旋转轴方向"选择"顺时针"，"旋转直径"为"188.36"（图2-25）。

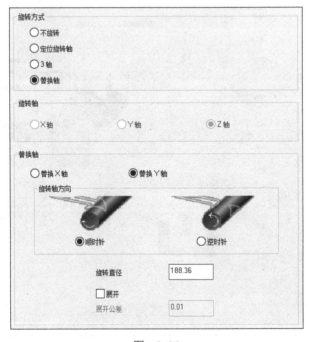

图　2-25

6）单击 ✓ 按钮，执行刀具路径运算，刀具路径运算结果如图 2-26 所示。

图　2-26

2.3　替换轴粗加工

2.3.1　替换轴加工模型

替换轴加工模型如图 2-27 所示。本节主要介绍动态铣削、替换轴的使用，并使用实体模型进行刀路的编制，材质为 2A12。

图　2-27

2.3.2　工艺方案

替换轴加工模型假设只做倒角加工，其加工工艺方案见表 2-3。

表　2-3

工 序 号	加工内容	加工方式	机 床	刀 具
1	替换轴加工	动态铣削	四轴 VMC 机床	ϕ10mm 平铣刀

此类零件装夹比较简单，利用自定心卡盘夹持即可。

2.3.3　准备加工模型

打开 Mastercam 2022 软件，进入主界面，打开模型，步骤如下：单击"文件"→"打开"→"模型"，选择文件，单击"打开"按钮，如图 2-28 所示。

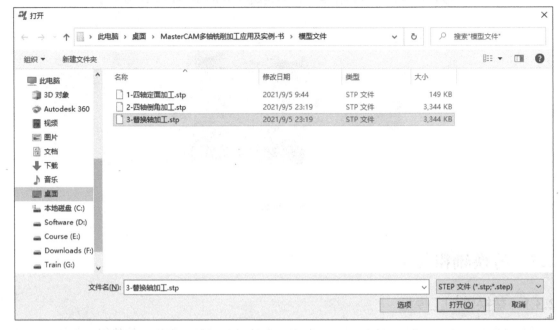

图 2-28

2.3.4 机床选择、毛坯、辅助线的设定

1. 机床选择

在"机床"选项卡中选择"铣床"→"管理列表"→"MILL 4-AXIS VMC MM.mcam-mmd"，单击"添加"→ ✓ 按钮，选择"MILL 4-AXIS VMC MM.mcam-mmd"进行定义，如图 2-29 所示。

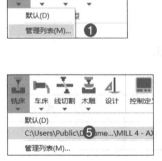
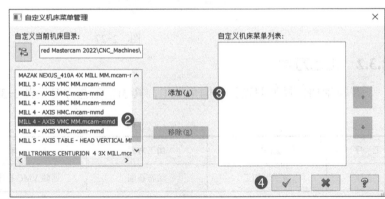

图 2-29

2. 毛坯的设定

在"刀路"操作管理器中选择"毛坯设置"进行定义，"形状"选项组中设定的参数如下：勾选"圆柱体"单选按钮，选择"所有实体"，单击 ✓ 按钮，如图 2-30 所示。

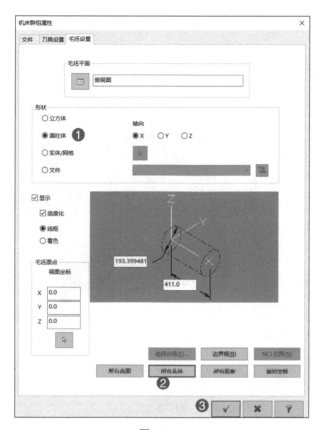

图　2-30

3．绘制辅助线

绘制的辅助线如图 2-31 所示。

图　2-31

2.3.5　编程详细操作步骤

步骤： 单击"刀路"→"2D"→"动态铣削"按钮，弹出"串连选项"对话框。选择加工范围，进入"线框串连"对话框，"模式"选择 线框按钮，单击"3D"单选按钮，"选择方式"选择 串连按钮→选择外侧线，单击 按钮，如图 2-32 所示。

图　2-32

需要设定的参数如下：

1）刀具：新建ϕ10mm平铣刀，"主轴转速"为"4500"，"进给速率"为"2500.0"，"下刀速率"为"2000.0"，勾选"快速提刀"复选按钮（图2-33）。

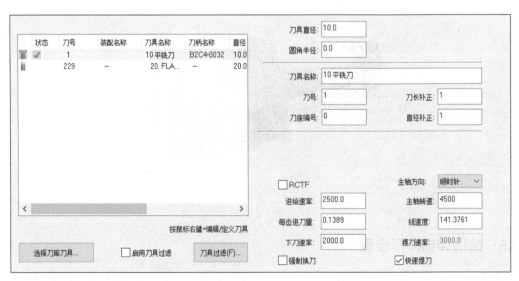

图　2-33

2）刀柄：选用"B2C4-0032"，"刀具伸出长度"为"30.0"（图2-34）。

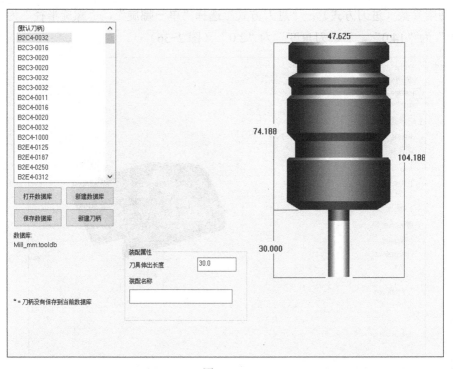

图　2-34

3）切削参数："步进量距离"为"15.0"，"壁边预留量"为"0.3"，"底面预留量"为"0.2"（图 2-35）。

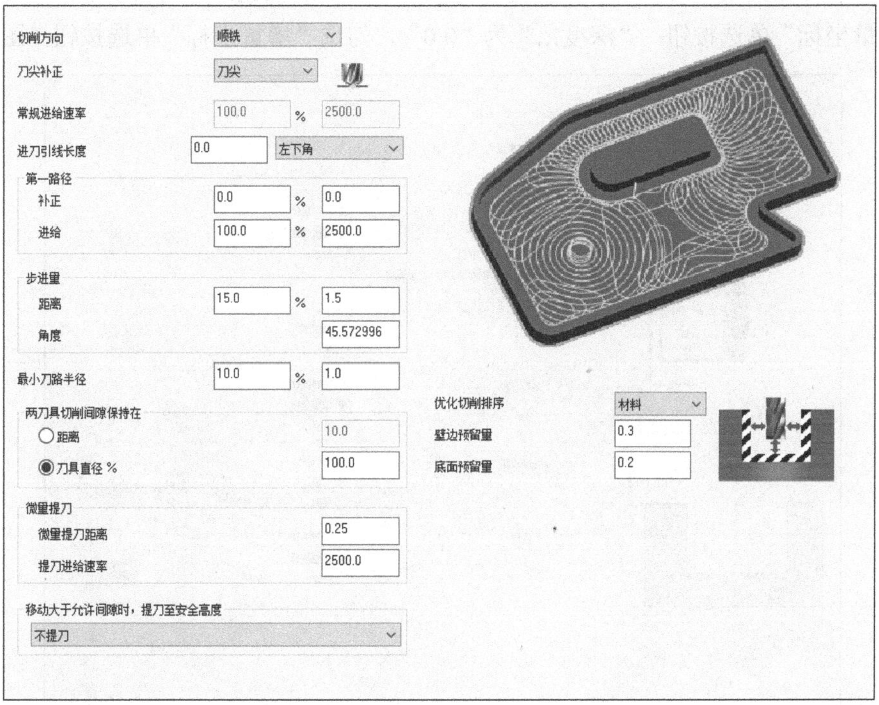

图　2-35

4）切削参数（进刀方式）："进刀方式"选择"单一螺旋"，"螺旋半径"为"4.5"，"Z 间距"为"14.0"，"进刀角度"为"2.0"（图 2-36）。

图　2-36

5）共同参数：勾选"安全高度…"复选按钮，其值为"100.0"，勾选"绝对坐标"单选按钮；"下刀位置…"为"3.0"，勾选"增量坐标"单选按钮；"毛坯顶部…"为"0.0"，勾选"增量坐标"单选按钮；"深度…"为"0.0"，勾选"增量坐标"单选按钮（图 2-37）。

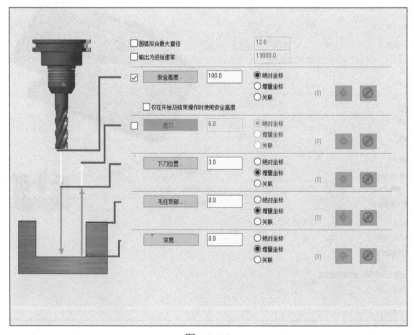

图　2-37

6）轴控制："旋转方式"为"替换轴"，"替换轴"为"替换 Y 轴"，"旋转轴方向"为"顺时针"，"旋转直径"为"169.0"（图 2-38）。

7）单击 ✓ 按钮，执行刀具路径运算，刀具路径运算结果如图 2-39 所示。

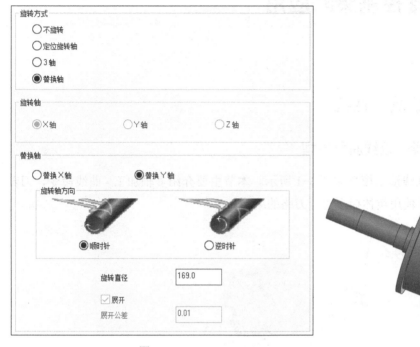

图　2-38

图　2-39

2.4　工程师经验点评

通过替换轴的实例编程学习，深刻理解四轴定面加工、刀路转换、多轴连接加工技巧。现在总结如下：

正常情况下需要把槽的轮廓线展开然后加工，和三轴一样，最后在替换轴上设置一下包裹，这样可以节约很多烦琐的操作时间。

在实际生产过程中经常遇到 3+1 定面加工，定面可以先编辑一个面的程序，再用刀路转换加多轴连接生成不同角度的相同特征的刀路轨迹。也可以通过手工编辑程序加入 A 轴的旋转角度实现定面加工。

在制作替换轴加工路径时，要先确认圆形展开的外径尺寸，避免路径生成时角度计算错误。展开圆是以长度为圆周长的矩形，再依照对应的角度绘制出圆形，或者可以将 3D 圆形的边界，透过缠绕指令将其展开为 2D 平面图形，再用路径里的替换轴缠绕到相应位置。

第 3 章 刀轴控制策略应用

3.1 刀轴控制策略 - 直线

3.1.1 刀轴控制策略 - 直线演示模型

刀轴控制策略 - 直线演示模型如图 3-1 所示。本节主要介绍多轴加工 - 曲线命令、刀轴控制 - 直线的使用,并使用实体模型进行刀路的编制。

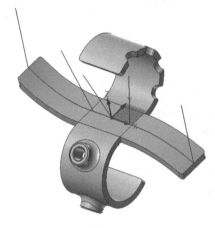

图 3-1

3.1.2 工艺方案

刀轴控制策略 - 直线演示模型的加工工艺方案见表 3-1。

表 3-1

工 序 号	加 工 内 容	加 工 方 式	机 床	刀 具
1	精加工	多轴加工 - 曲线	五轴机床	ϕ5mm 球刀

此类零件装夹需要做工装,利用工装夹持即可。

3.1.3 准备演示模型

打开 Mastercam 2022 软件,进入主界面,打开模型,步骤如下:单击"文件"→"打开"→"模型",选择文件,单击"打开"按钮,如图 3-2 所示。

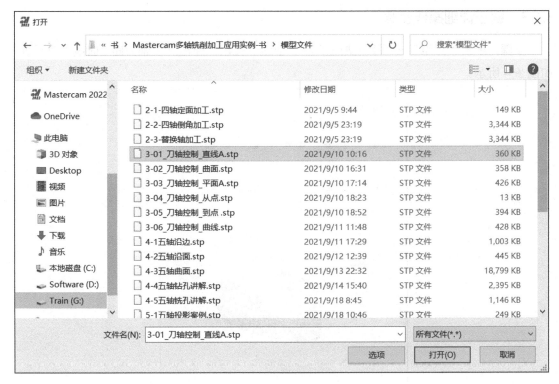

图　3-2

3.1.4　机床选择

在"机床"选项卡中选择"铣床"→"管理列表"→选择"GENERIC HAAS ES-5 5X HMC MILL MM.mcam-mmd"，单击"添加"→ ✓ 按钮，选择"GENERIC HAAS ES-5 5X HMC MILL MM.mcam-mmd"进行定义，如图 3-3 所示。

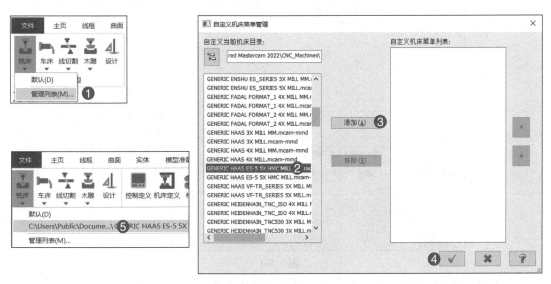

图　3-3

3.1.5 编程详细操作步骤

步骤：单击"刀路"→"多轴加工"→"曲线"按钮，弹出"多轴刀路 - 曲线"对话框，如图 3-4 所示。

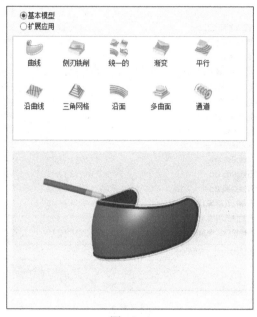

图 3-4

需要设定的参数如下：

1）刀具：新建 ϕ5mm 球刀，"主轴转速"为"4500"，"进给速率"为"2500.0"，"下刀速率"为"1000.0"，勾选"快速提刀"复选按钮（图 3-5）。

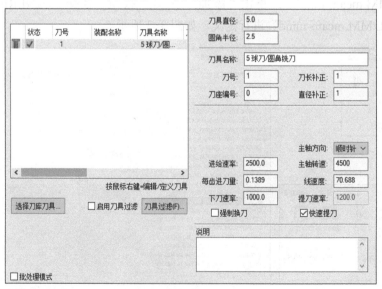

图 3-5

2）刀柄：选用"B2C4-0011"，"刀具伸出长度"为"30.0"（图 3-6）。

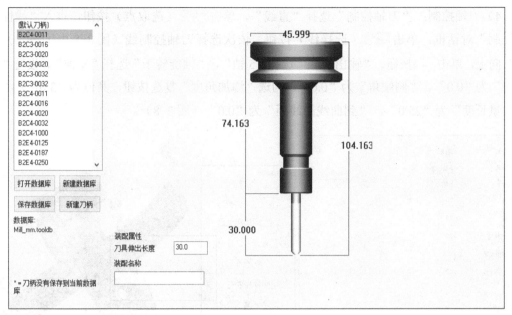

图　3-6

3）切削方式："曲线类型"选择"3D曲线"，单击 ![选取点] （选取点）按钮，进入"线框串连"对话框，"模式"选择 ![线框] （线框）按钮，单击"3D"单选按钮，"选择方式"选择 ![部分串连] （部分串连）按钮，选择要加工的线（首尾部分，见图3-7中①、②），然后单击 ![确定] 按钮。"补正方式"选择"电脑"，"补正方向"选择"左"，"刀尖补正"选择"刀尖"，"径向偏移"为"0.0"（图3-7）。

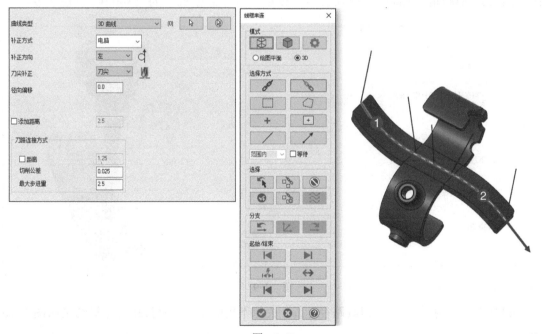

图　3-7

4）刀轴控制："刀轴控制"选择"直线"，单击 ▣ （选取点）按钮，进入"线性刀轴控制"对话框，单击 ▱ （选择线）按钮，依次选择刀轴控制线（图3-8中①~⑤），箭头向上，单击 ✓ 按钮。"输出方式"选择"5轴"，"轴旋转于"选择"X轴"，设置"前倾角"为"0.0"、"侧倾角"为"0.0"，勾选"添加角度"复选按钮，其值为"3.0"，"刀具向量长度"为"25.0"，"到曲线的线距"为"0.0"（图3-8）。

图　3-8

5）共同参数：勾选"安全高度…"复选按钮，其值为"100.0"增量坐标；勾选"参考高度…"复选按钮，其值为"10.0"增量坐标；"下刀位置…"为"2.0"增量坐标；在"两刀具切削间隙保持在"选项组中，设置"刀具直径%"为"300.0"（图3-9）。

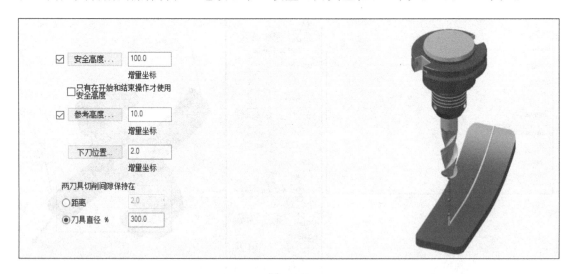

图　3-9

6）单击 ✓ 按钮，执行刀具路径运算，关掉不用的图层，刀具路径运算结果如图3-10所示。

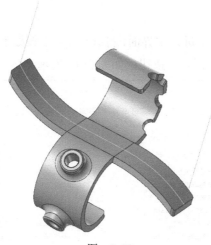

图　3-10

3.2　刀轴控制策略 - 曲面

3.2.1　刀轴控制策略 - 曲面演示模型

刀轴控制策略 - 曲面演示模型如图 3-11 所示。本节主要介绍多轴加工 - 曲线命令、刀轴控制 - 曲面的使用，并使用实体模型进行刀路的编制。

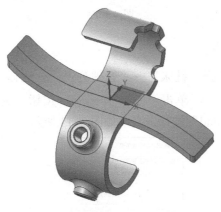

图　3-11

3.2.2　工艺方案

刀轴控制策略 - 曲面演示模型的加工工艺方案见表 3-2。

表　3-2

工 序 号	加 工 内 容	加 工 方 式	机 床	刀 具
1	精加工	多轴加工 - 曲线	五轴机床	$\phi 5mm$ 球刀

此类零件装夹需要做工装，利用工装夹持即可。

3.2.3 准备演示模型

打开 Mastercam 2022 软件，进入主界面，打开模型，步骤如下：单击"文件"→"打开"→
"模型"，选择文件，单击"打开"按钮，如图 3-12 所示。

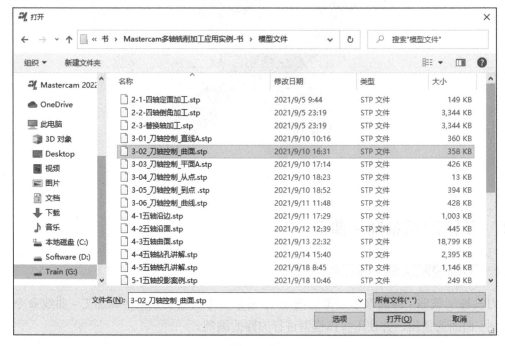

图　3-12

3.2.4 机床选择

在"机床"选项卡中选择"铣床"→"管理列表"→选择"GENERIC HAAS ES-5 5X
HMC MILL MM.mcam-mmd"，单击"添加"→ 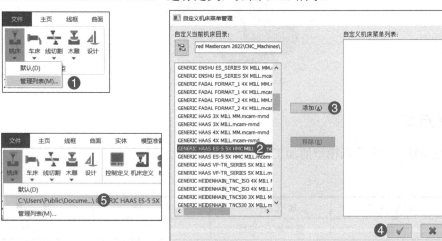 按钮，选择"GENERIC HAAS ES-5
5X HMC MILL MM.mcam-mmd"进行定义，如图 3-13 所示。

图　3-13

3.2.5　编程详细操作步骤

步骤：单击"刀路"→"多轴加工"→"曲线"按钮，弹出"多轴刀路 - 曲线"对话框，如图 3-14 所示。

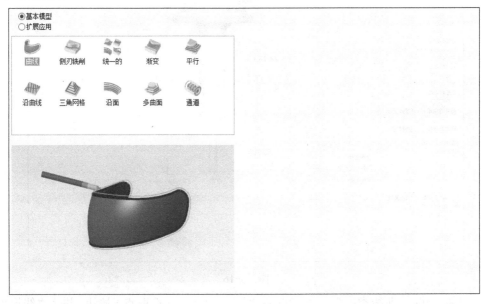

图　3-14

需要设定的参数如下：

1）刀具：新建 ϕ5mm 球刀，"主轴转速"为"4500"，"进给速率"为"2500.0"，"下刀速率"为"1000.0"，勾选"快速提刀"复选按钮（图 3-15）。

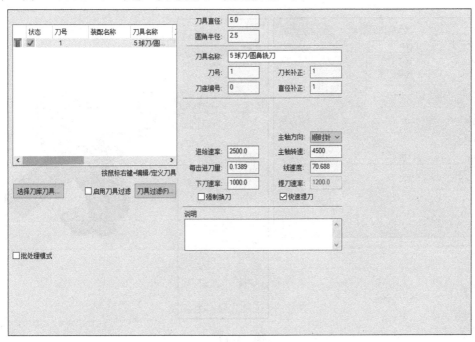

图　3-15

2）刀柄：选用"B2C4-0011"，"刀具伸出长度"为"30.0"（图3-16）。

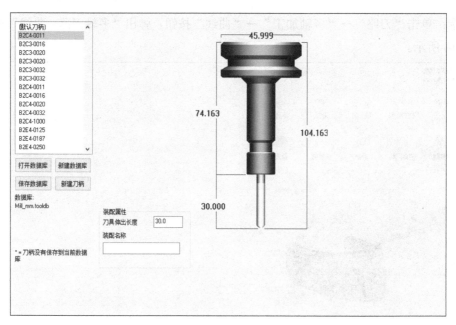

图 3-16

3）切削方式："曲线类型"选择"3D曲线"，单击 ▨（选取点）按钮，进入"线框串连"对话框，"模式"选择 ▨（线框）按钮，单击"3D"单选按钮，"选择方式"选择 ▨（串连）按钮，选择要加工的线（图3-17中①），然后单击 ▨ 按钮。"补正方式"选择"电脑"，"补正方向"选择"左"，"刀尖补正"选择"刀尖"，"径向偏移"为"0.0"（图3-17）。

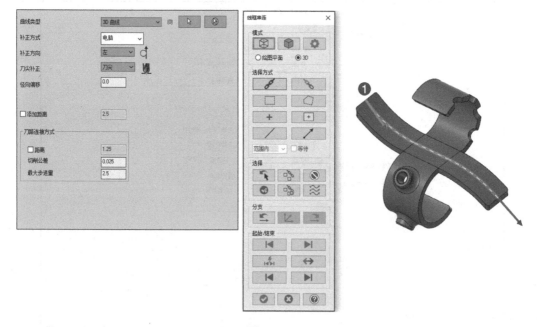

图 3-17

4）刀轴控制："刀轴控制"选择"曲面"，单击 ![选取点] （选取点）按钮，选择实体面，依次选择刀轴控制实体面（图 3-18 中①～③），单击"结束选择"按钮。"输出方式"选择"5 轴"，"轴旋转于"选择"X 轴"，设置"前倾角"为"0.0"、"侧倾角"为"-45.0"，勾选"添加角度"复选按钮，其值为"3.0"，"刀具向量长度"为"25.0"，勾选"曲面法向"单选按钮，"最大距离"为"0.0025"（图 3-18）。

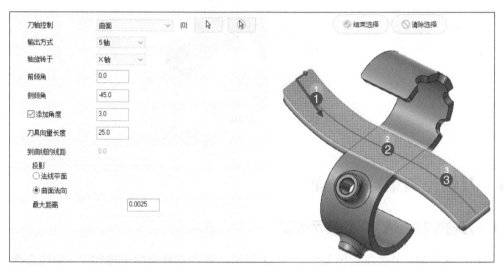

图　3-18

5）共同参数：勾选"安全高度 …"复选按钮，其值为"100.0"增量坐标；勾选"参考高度 …"复选按钮，其值为"10.0"增量坐标；"下刀位置 …"为"2.0"增量坐标；在"两刀具切削间隙保持在"选项组中，设置"刀具直径 %"为"300.0"（图 3-19）。

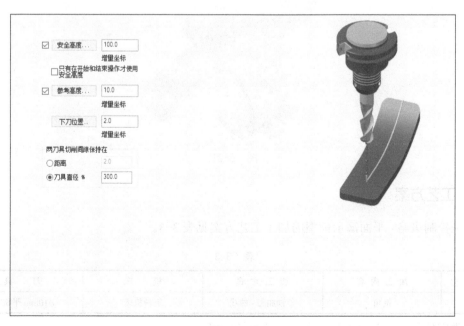

图　3-19

6）单击 ✔ 按钮，执行刀具路径运算，刀具路径运算结果如图 3-20 所示。

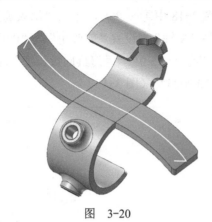

图　3-20

3.3　刀轴控制策略 - 平面

3.3.1　刀轴控制策略 - 平面演示模型

刀轴控制策略 - 平面演示模型如图 3-21 所示。本节主要介绍多轴加工 - 曲线命令、刀轴控制 - 平面的使用，并使用实体模型进行刀路的编制。

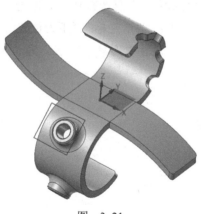

图　3-21

3.3.2　工艺方案

刀轴控制策略 - 平面演示模型的加工工艺方案见表 3-3。

表　3-3

工 序 号	加 工 内 容	加 工 方 式	机 床	刀 具
1	倒角	多轴加工 - 曲线	五轴机床	ϕ10mm 平铣刀

此类零件装夹需要做工装，利用工装夹持即可。

3.3.3　准备演示模型

打开 Mastercam 2022 软件，进入主界面，打开模型，步骤如下：单击"文件"→"打开"→"模型"，选择文件，单击"打开"按钮，如图 3-22 所示。

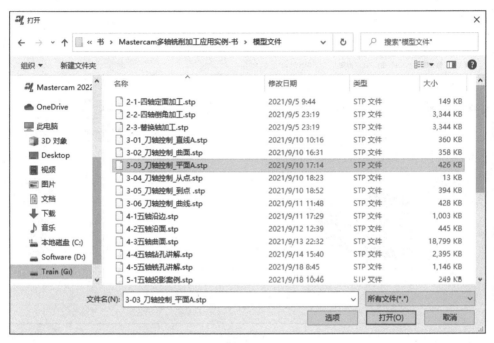

图　3-22

3.3.4　机床选择

在"机床"选项卡中选择"铣床"→"管理列表"→选择"GENERIC HAAS ES-5 5X HMC MILL MM.mcam-mmd"，单击"添加"→ ✓ 按钮，选择"GENERIC HAAS ES-5 5X HMC MILL MM.mcam-mmd"进行定义，如图 3-23 所示。

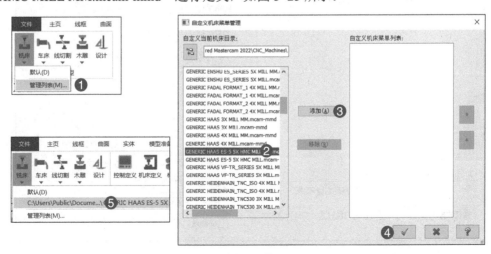

图　3-23

3.3.5　编程详细操作步骤

步骤：单击"刀路"→"多轴加工"→"曲线"按钮，弹出"多轴刀路 - 曲线"对话框，如图 3-24 所示。

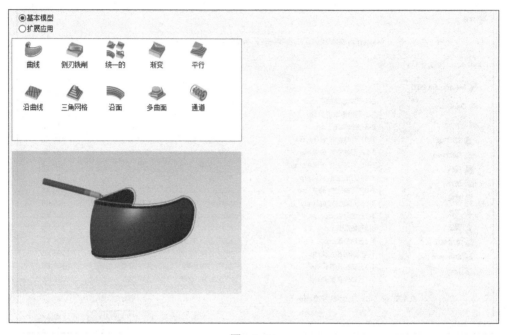

图　3-24

需要设定的参数如下：

1）刀具：新建 ϕ10mm 平铣刀，"主轴转速"为"4500"，"进给速率"为"2500.0"，"下刀速率"为"600.0"，勾选"快速提刀"复选按钮（图 3-25）。

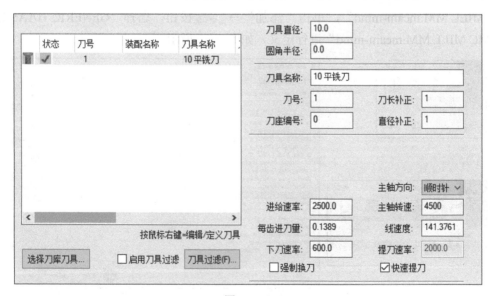

图　3-25

2）刀柄：选用"B2C4-0016"，"刀具伸出长度"为"35.0"（图3-26）。

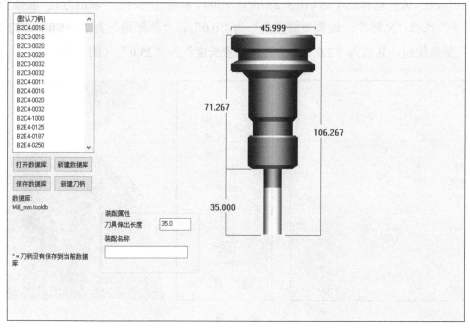

图　3-26

3）切削方式："曲线类型"选择"3D曲线"，单击 （选取点）按钮，进入"线框串连"对话框，"模式"选择 （线框）按钮，单击"3D"单选按钮，"选择方式"选择 （串连）按钮，选择要加工的线（图3-27中①），然后单击 按钮。"补正方式"选择"电脑"，"补正方向"选择"左"，"刀尖补正"选择"刀尖"，"径向偏移"为"0.0"（图3-27）。

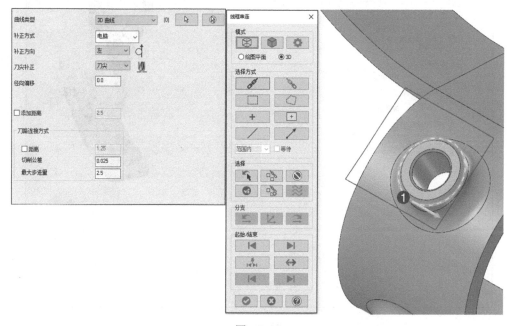

图　3-27

4）刀轴控制："刀轴控制"选择"平面"，单击 ▢（选取点）按钮，选择 ▦（三个光标点）按钮，依次选择三个点（图3-28中①～③），单击 ✓ 按钮。"输出方式"选择"5轴"，"轴旋转于"选择"X轴"，设置"前倾角"为"0.0"、"侧倾角"为"–45.0"，勾选"添加角度"复选按钮，其值为"3.0"，"刀具向量长度"为"25.0"（图3-28）。

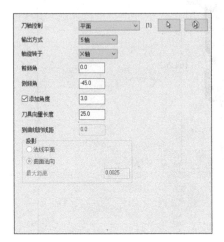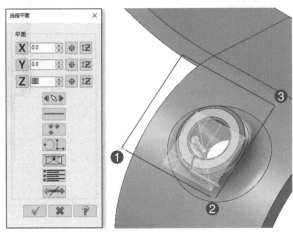

图 3-28

5）共同参数：勾选"安全高度…"复选按钮，其值为"100.0"增量坐标；勾选"参考高度…"复选按钮，其值为"10.0"增量坐标；"下刀位置…"为"2.0"增量坐标；在"两刀具切削间隙保持在"选项组中，设置"刀具直径%"为"300.0"（图3-29）。

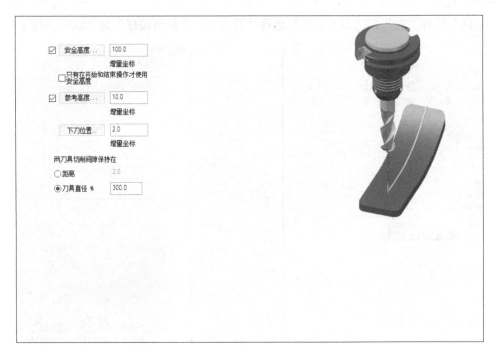

图 3-29

6）单击 [✓] 按钮，执行刀具路径运算，刀具路径运算结果如图 3-30 所示。

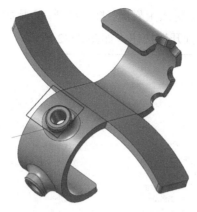

图　3-30

3.4　刀轴控制策略 - 从点

3.4.1　刀轴控制策略 - 从点演示模型

刀轴控制策略 - 从点演示模型如图 3-31 所示。本节主要介绍多轴加工 - 曲线命令、刀轴控制 - 从点的使用，并使用实体模型进行刀路的编制。

图　3-31

3.4.2　工艺方案

刀轴控制策略 - 从点演示模型的加工工艺方案见表 3-4。

表　3-4

工 序 号	加 工 内 容	加 工 方 式	机 床	刀 具
1	精加工	多轴加工 - 曲线	五轴机床	ϕ5mm 球刀

此类零件装夹需要做工装，利用工装夹持即可。

3.4.3 准备演示模型

打开 Mastercam 2022 软件，进入主界面，打开模型，步骤如下：单击"文件"→"打开"→"模型"，选择文件，单击"打开"按钮，如图 3-32 所示。

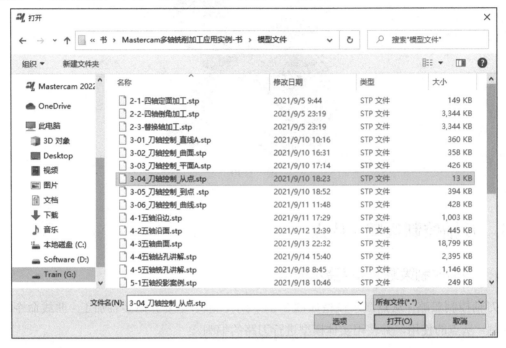

图 3-32

3.4.4 机床选择

在"机床"选项卡中选择"铣床"→"管理列表"→选择"GENERIC HAAS ES-5 5X HMC MILL MM.mcam-mmd"，单击"添加"→ ✓ 按钮，选择"GENERIC HAAS ES-5 5X HMC MILL MM.mcam-mmd"进行定义，如图 3-33 所示。

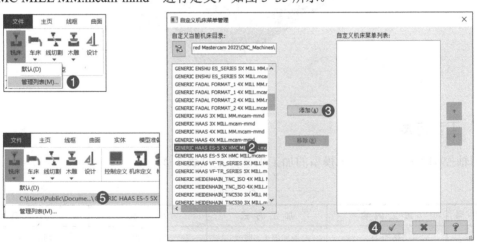

图 3-33

3.4.5 编程详细操作步骤

步骤：单击"刀路"→"多轴加工"→"曲线"按钮，弹出"多轴刀路 - 曲线"对话框，如图 3-34 所示。

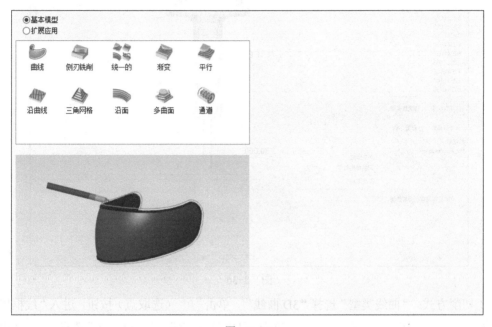

图 3-34

需要设定的参数如下：

1）刀具：新建 ϕ5mm 球刀，"主轴转速"为"4500"，"进给速率"为"2500.0"，"下刀速率"为"1000.0"，勾选"快速提刀"复选按钮（图 3-35）。

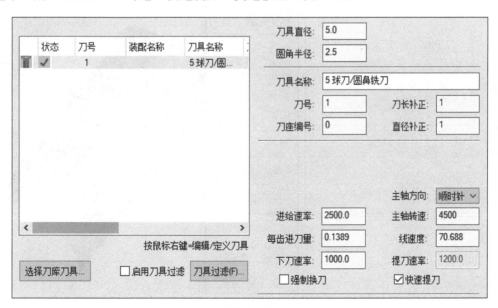

图 3-35

2）刀柄：选用"B2C4-0011"，"刀具伸出长度"为"30"（图3-36）。

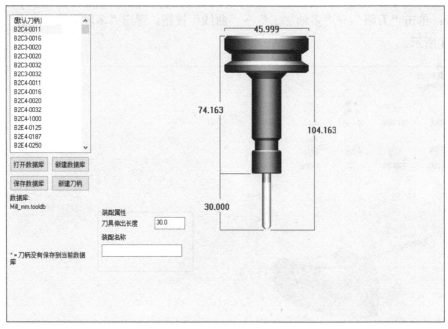

图 3-36

3）切削方式："曲线类型"选择"3D曲线"，单击 ⎡▷⎤（选取点）按钮，进入"线框串连"对话框，"模式"选择 ⎡⊞⎤（线框）按钮，单击"3D"单选按钮，"选择方式"选择 ⎡🖉⎤（串连）按钮，选择要加工的线（图3-37中①～④），然后单击 ⎡✓⎤ 按钮。"补正方式"选择"电脑"，"补正方向"选择"左"，"刀尖补正"选择"刀尖"，"径向偏移"为"0.0"（图3-37）。

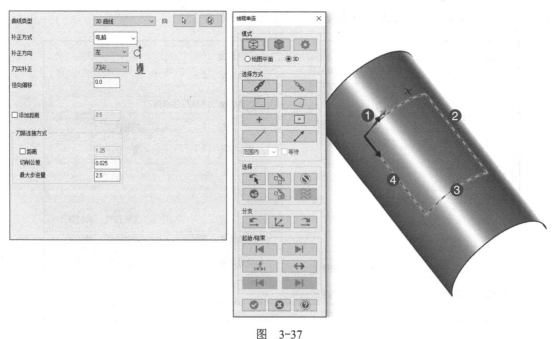

图 3-37

4）刀轴控制："刀轴控制"选择"从点"，单击 （选取点）按钮，选择模型上面的点（图 3-38 中①），返回"多轴刀路 - 曲线"对话框。"输出方式"选择"5 轴"，"轴旋转于"选择"X 轴"，设置"前倾角"为"0.0"、"侧倾角"为"0.0"，勾选"添加角度"复选按钮，其值为"3.0"，"刀具向量长度"为"25.0"（图 3-38）。

图　3-38

5）共同参数：勾选"安全高度 ..."复选按钮，其值为"100.0"增量坐标；勾选"参考高度 ..."复选按钮，其值为"10.0"增量坐标；"下刀位置 ..."为"2.0"增量坐标；在"两刀具切削间隙保持在"选项组中，设置"刀具直径 %"为"300.0"（图 3-39）。

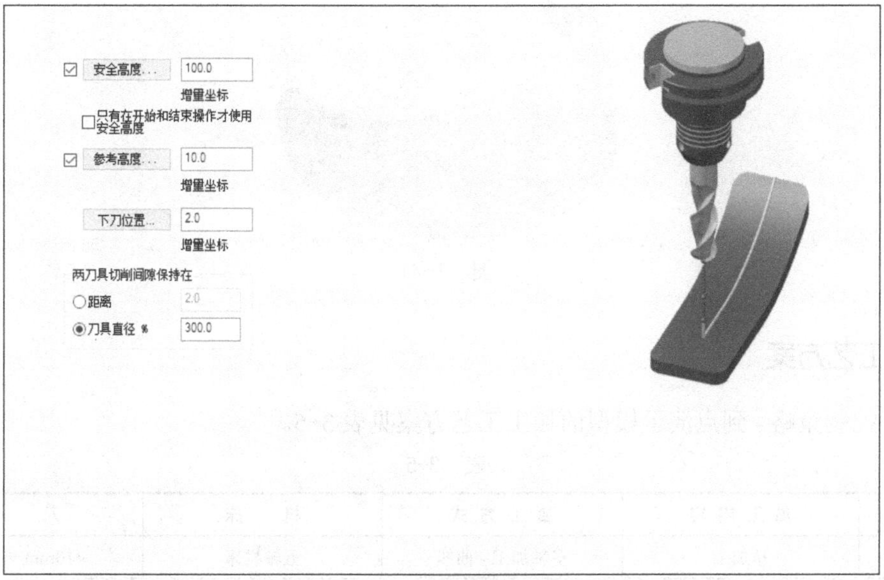

图　3-39

6）单击 ✔ 按钮，执行刀具路径运算，刀具路径运算结果如图 3-40 所示。

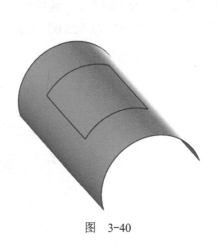

图 3-40

3.5 刀轴控制策略 - 到点

3.5.1 刀轴控制策略 - 到点演示模型

刀轴控制策略 - 到点演示模型如图 3-41 所示。本节主要介绍多轴加工 - 曲线命令、刀轴控制 - 到点的使用，并使用实体模型进行刀路的编制。

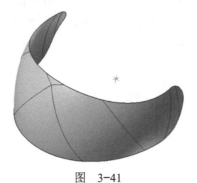

图 3-41

3.5.2 工艺方案

刀轴控制策略 - 到点演示模型的加工工艺方案见表 3-5。

表 3-5

工 序 号	加 工 内 容	加 工 方 式	机 床	刀 具
1	精加工	多轴加工 - 曲线	五轴机床	ϕ10mm 平铣刀

此类零件装夹需要做工装，利用工装夹持即可。

3.5.3　准备演示模型

打开 Mastercam 2022 软件，进入主界面，打开模型，步骤如下：单击"文件"→"打开"→"模型"，选择文件，单击"打开"按钮，如图 3-42 所示。

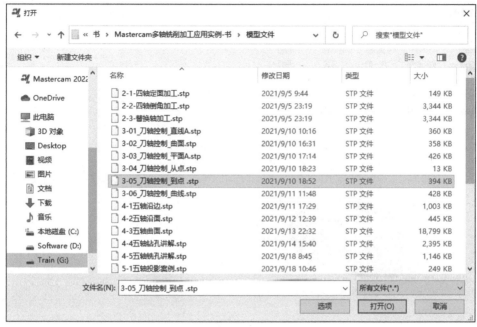

图　3-42

3.5.4　机床选择

在"机床"选项卡中选择"铣床"→"管理列表"→选择"GENERIC HAAS ES-5 5X HMC MILL MM.mcam-mmd"，单击"添加"→ ✔ 按钮，选择"GENERIC HAAS ES-5 5X HMC MILL MM.mcam-mmd"进行定义，如图 3-43 所示。

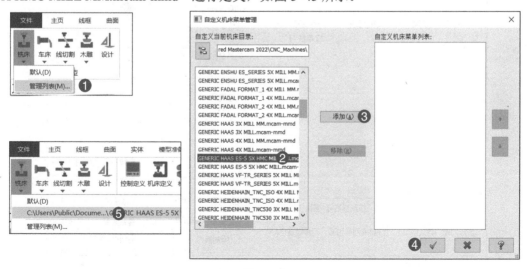

图　3-43

3.5.5　编程详细操作步骤

步骤：单击"刀路"→"多轴加工"→"曲线"按钮，弹出"多轴刀路 - 曲线"对话框，如图 3-44 所示。

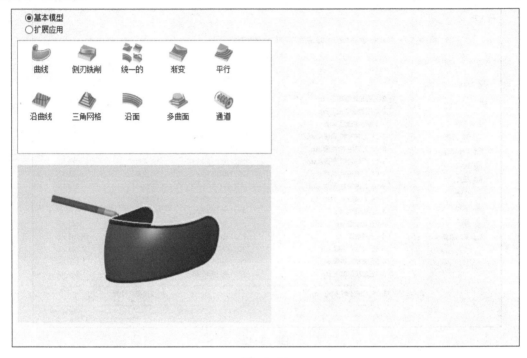

图　3-44

需要设定的参数如下：

1）刀具：新建 ϕ10mm 平铣刀，"主轴转速"为"4500"，"进给速率"为"2500.0"，"下刀速率"为"2000.0"，勾选"快速提刀"复选按钮（图 3-45）。

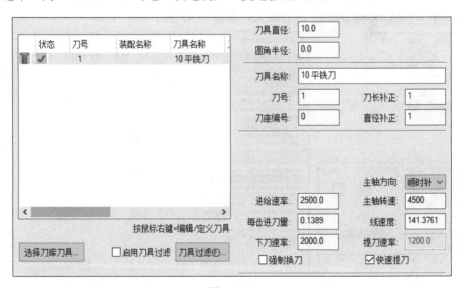

图　3-45

2）刀柄：选用"B2C4-0016"，"刀具伸出长度"为"30.0"（图3-46）。

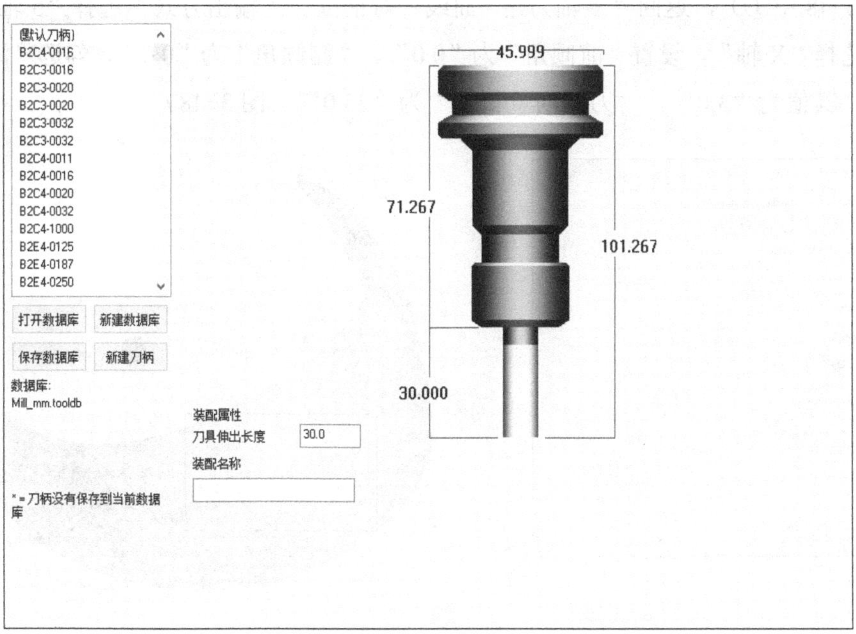

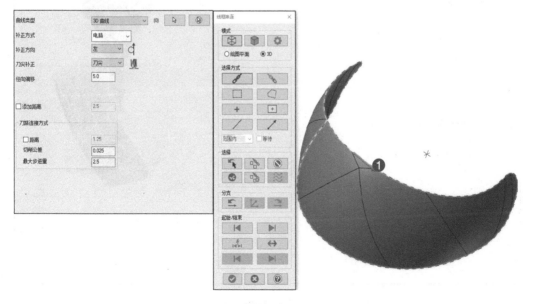

图　3-46

3）切削方式："曲线类型"选择"3D 曲线"，单击 □□（选取点）按钮，进入"线框串连"对话框，"模式"选择 □□（线框）按钮，单击"3D"单选按钮，"选择方式"选择 □□（串连）按钮，选择要加工的线（图3-47 中①），然后单击 □ 按钮。"补正方式"选择"电脑"，"补正方向"选择"左"，"刀尖补正"选择"刀尖"，"径向偏移"为"5.0"（图3-47）。

图　3-47

4）刀轴控制："刀轴控制"选择"到点"，单击  （选取点）按钮，选择模型上面的点（图 3-48 中①），返回"多轴刀路 - 曲线"对话框。"输出方式"选择"5 轴"，"轴旋转于"选择"X 轴"，设置"前倾角"为"0.0"、"侧倾角"为"0.0"，勾选"添加角度"复选按钮，其值为"3.0"，"刀具向量长度"为"25.0"（图 3-48）。

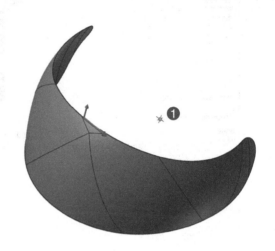

图　3-48

5）共同参数：勾选"安全高度 ..."复选按钮，其值为"100.0"增量坐标；勾选"参考高度 ..."复选按钮，其值为"10.0"增量坐标；"下刀位置 ..."为"2.0"增量坐标；在"两刀具切削间隙保持在"选项组中，设置"刀具直径 %"为"300.0"（图 3-49）。

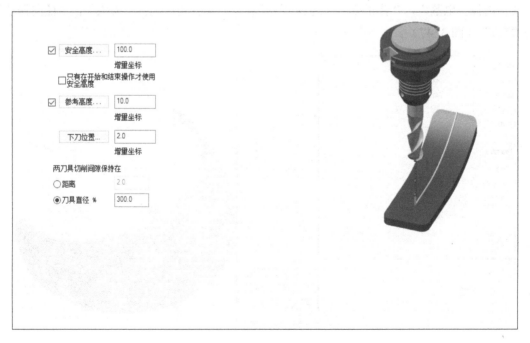

图　3-49

6）进/退刀：勾选"进/退刀""进刀曲线"复选按钮，"长度"为"5.0"，"厚度"为"0.0"，"高度"为"0.0"，"进给率%"为"100.0"，"中心轴角度"为"10.0"，"方向"选择"左"，"退出曲线"参数设置同上，勾选"封闭环重叠"复选按钮，其值为"10.0"（图3-50）。

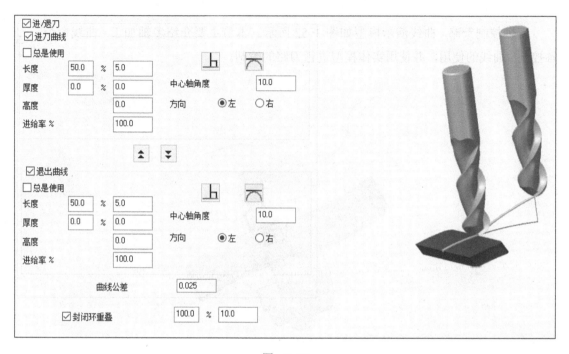

图　3-50

7）单击 ✓ 按钮，执行刀具路径运算，刀具路径运算结果如图3-51所示。

图　3-51

3.6 刀轴控制策略 - 曲线

3.6.1 刀轴控制策略 - 曲线演示模型

刀轴控制策略 - 曲线演示模型如图 3-52 所示。本节主要介绍多轴加工 - 曲线命令、刀轴控制 - 曲线的使用，并使用实体模型进行刀路的编制。

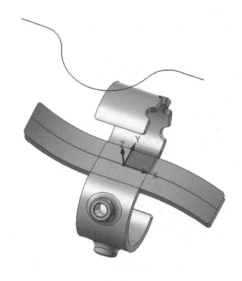

图　3-52

3.6.2 工艺方案

刀轴控制策略 - 曲线演示模型的加工工艺方案见表 3-6。

表　3-6

工 序 号	加 工 内 容	加 工 方 式	机　床	刀　具
1	精加工	多轴加工 - 曲线	五轴机床	ϕ10mm 球刀

此类零件装夹需要做工装，利用工装夹持即可。

3.6.3 准备演示模型

打开 Mastercam 2022 软件，进入主界面，打开模型，步骤如下：单击"文件"→"打开"→"模型"，选择文件，单击"打开"按钮，如图 3-53 所示。

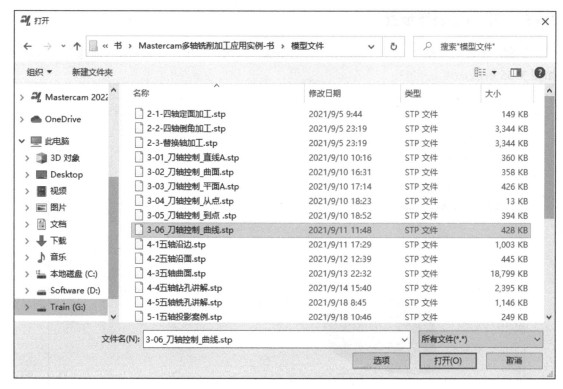

图　3-53

3.6.4　机床选择

在"机床"选项卡中选择"铣床"→"管理列表"→选择"GENERIC HAAS ES-5 5X HMC MILL MM.mcam-mmd"，单击"添加"→ ✓ 按钮，选择"GENERIC HAAS ES-5 5X HMC MILL MM.mcam-mmd"进行定义，如图 3-54 所示。

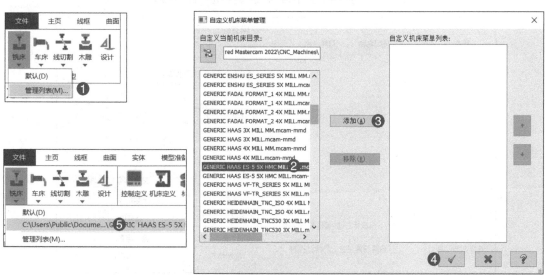

图　3-54

3.6.5 编程详细操作步骤

步骤：单击"刀路"→"多轴加工"→"曲线"按钮，弹出"多轴刀路 - 曲线"对话框，如图 3-55 所示。

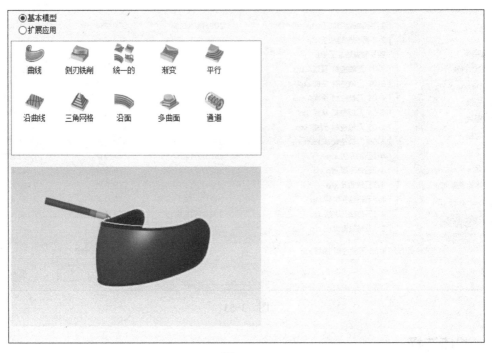

图　3-55

需要设定的参数如下：

1）刀具：新建 ϕ10mm 球刀，"主轴转速"为"4500"，"进给速率"为"2500.0"，"下刀速率"为"2000.0"，勾选"快速提刀"复选按钮（图 3-56）。

图　3-56

2）刀柄：选用"B2C4-0016"，"刀具伸出长度"为"35.0"（图3-57）。

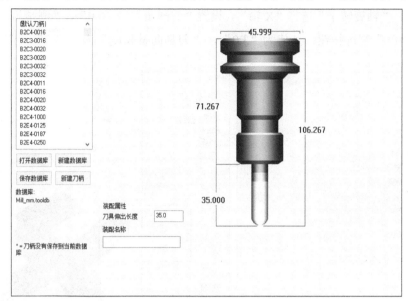

图　3-57

3）切削方式："曲线类型"选择"3D曲线"，单击 ▢ （选取点）按钮，进入"线框串连"对话框，"模式"选择 ▢ （线框）按钮，单击"3D"单选按钮，"选择方式"选择 ▢ （串连）按钮，选择要加工的线（图3-58中①），然后单击 ◉ 按钮。"补正方式"选择"电脑"，"补正方向"选择"左"，"刀尖补正"选择"刀尖"，"径向偏移"为"0.0"（图3-58）。

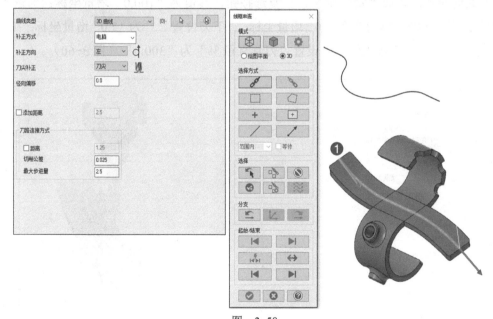

图　3-58

4）刀轴控制："刀轴控制"选择"曲线"，单击 ▢ （选取点）按钮，进入"线框串连"对话框，"模式"选择选择 ▢ （线框）按钮，单击"3D"单选按钮，"选择方式"选择

（串连）按钮，选择刀轴控制曲线（图 3-59 中①），然后单击 ⊙ 按钮。"输出方式"
选择"5 轴"，"轴旋转于"选择"X 轴"，设置"前倾角"为"0.0"、"侧倾角"为"0.0"，
勾选"添加角度"复选按钮，其值为"3.0"，"刀具向量长度"为"25.0"（图 3-59）。

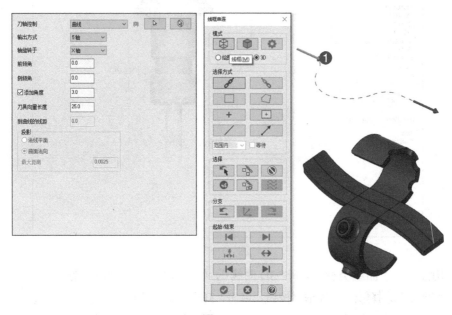

图 3-59

5）共同参数：勾选"安全高度…"复选按钮，其值为"100.0"增量坐标；勾选"参
考高度…"复选按钮，其值为"10.0"增量坐标；"下刀位置…"为"2.0"增量坐标；在"两
刀具切削间隙保持在"选项组中，设置"刀具直径%"为"300.0"（图 3-60）。

图 3-60

6）单击  按钮，执行刀具路径运算，刀具路径运算结果如图 3-61 所示。

图　3-61

3.7　工程师经验点评

（1）刀轴控制策略 - 直线　刀轴控制使用直线，并非只能选择单一的直线控制，也可以选择使用多条直线，在不同的位置去定义刀轴方向，从而产生不同的刀轴控制。

（2）刀轴控制策略 - 曲面　刀轴控制选择依据曲面的法向垂直做投影。刀具路径的刀轴投影方向，将依据所选的曲面法向做投影，若前 / 侧倾角都定义为 0，那么刀路各点的刀轴方向将垂直于此曲面。透过此曲面的选择，可以控制此曲面的 UV 切削加工方向和补正方向、步进方向及开始点的控制。

（3）刀轴控制策略 - 平面　刀轴控制选择平面的方式，刀路的刀轴是垂直于选定平面的，通常使用在定轴向的加工零件上，与第 2 章中 3+1 定面加工观念一样，可视零件的曲面造型来选择所需的加工策略与操作方式来产生刀路。

（4）刀轴控制策略 - 从点　刀轴控制选择从点的方式，一般从点选项适合加工内部形状（如松鹤瓶内壁）。

（5）刀轴控制策略 - 到点　刀轴控制选择到点的方式，一般到点选项适合加工外部形状（如松鹤瓶外壁）。

（6）刀轴控制策略 - 曲线　刀轴控制选择曲线做投影方式。刀具路径的刀轴偏置大致上会维持在此曲线上，除非另外定义刀轴的转换限制功能。所以使用曲线的刀轴投影方式，可以解决很多偏置角度不佳与干涉碰撞的问题发生。

第4章 传统五轴加工策略应用

4.1 多轴加工 - 沿边策略

4.1.1 多轴加工 - 沿边策略演示模型

多轴加工 - 沿边策略演示模型如图 4-1 所示。本节主要介绍多轴加工 - 沿边命令的使用，并使用实体模型进行刀路的编制。

图 4-1

4.1.2 工艺方案

多轴加工 - 沿边策略演示模型的加工工艺方案见表 4-1。

表 4-1

工 序 号	加 工 内 容	加 工 方 式	机 床	刀 具
1	精加工	多轴加工 - 沿边	五轴机床	ϕ10mm 平铣刀

此类零件装夹需要做工装，利用工装夹持即可。

4.1.3 准备演示模型

打开 Mastercam 2022 软件，进入主界面，打开模型，步骤如下：单击"文件"→"打开"→"模型"，选择文件，单击"打开"按钮，如图 4-2 所示。

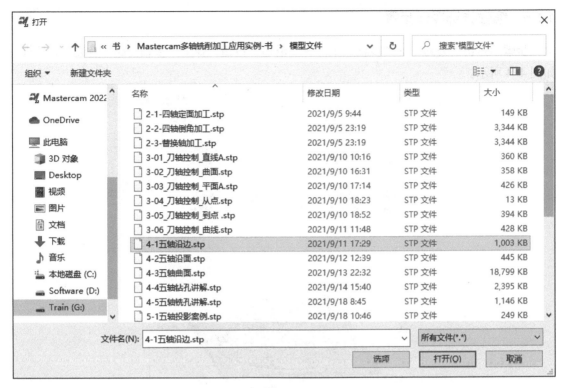

图　4-2

4.1.4　机床选择

在"机床"选项卡中选择"铣床"→"管理列表"→选择"GENERIC HAAS ES-5 5X HMC MILL MM.mcam-mmd"，单击"添加"→ 按钮，选择"GENERIC HAAS ES-5 5X HMC MILL MM.mcam-mmd"进行定义，如图 4-3 所示。

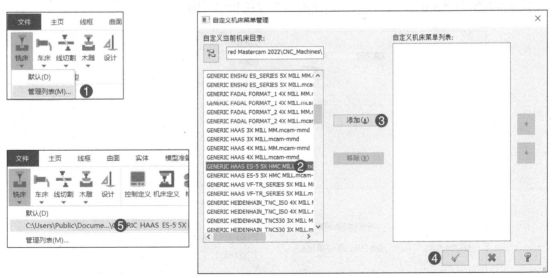

图　4-3

4.1.5 编程详细操作步骤

步骤：单击"刀路"→"多轴加工"→"沿边"按钮，弹出"多轴刀路 - 沿边"对话框，如图 4-4 所示。

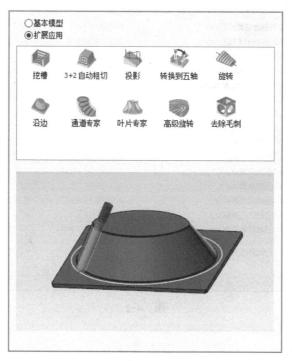

图　4-4

需要设定的参数如下：

1）刀具：新建 ϕ10mm 平铣刀，"主轴转速"为"4500"，"进给速率"为"2500.0"，"下刀速率"为"2000.0"，勾选"快速提刀"复选按钮（图 4-5）。

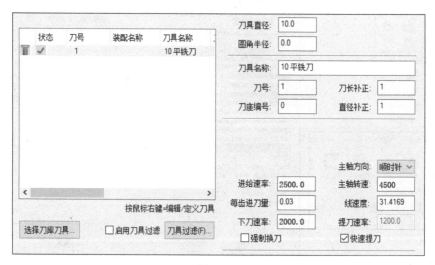

图　4-5

2）刀柄：选用"B2C4-0016"，"刀具伸出长度"为"40.0"（图 4-6）。

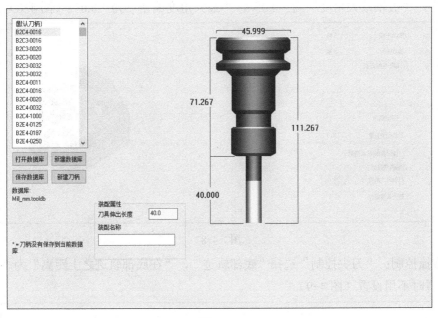

图　4-6

3）切削方式："壁边"选择"串连"，单击 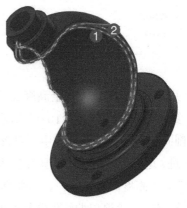（选择壁边）按钮，进入"线框串连"对话框，"模式"选择 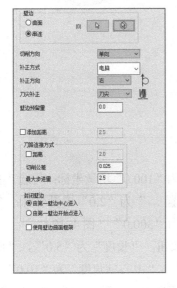（线框）按钮，单击"3D"单选按钮，"选择方式"选择 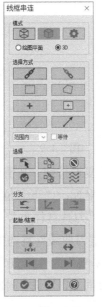（串连）按钮，选择要加工的两条辅助线（图 4-7 中①、②），然后单击 按钮。"切削方向"选择"单向"，"补正方式"选择"电脑"，"补正方向"选择"右"，"刀尖补正"选择"刀尖"，设置"壁边预留量"为"0.0"（图 4-7）。

图　4-7

4）刀轴控制："输出方式"选择"5 轴"，"轴旋转于"选择"X 轴"，"刀具向量长度"为"25.0"，"五轴最大角度"为"0.0"，"最大角度偏差"为"0.0"（图4-8）。

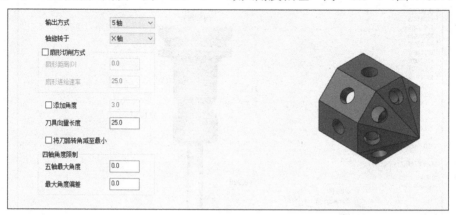

图　4-8

5）碰撞控制："刀尖控制"选择"底部轨迹"，"在底部轨迹之上距离"为"-2.0"，其他参数暂时不用设置（图4-9）。

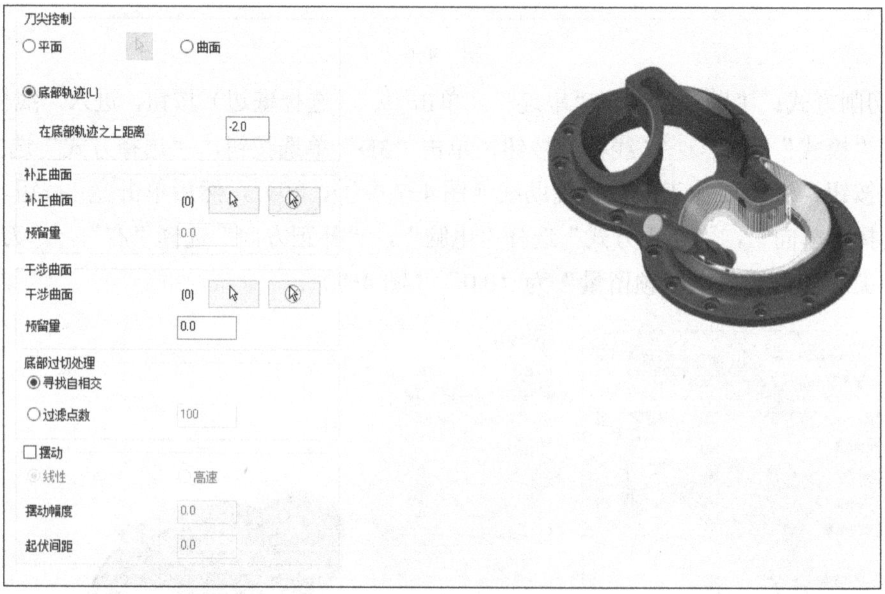

图　4-9

6）共同参数：勾选"安全高度 …"复选按钮，其值为"100.0"增量坐标；勾选"参考高度 …"复选按钮，其值为"10.0"增量坐标；"下刀位置 …"为"2.0"增量坐标；在"两刀具切削间隙保持在"选项组中，设置"刀具直径 %"为"300.0"（图4-10）。

7）进 / 退刀：勾选"进 / 退刀""进刀曲线"复选按钮，"长度"为"5.0"，"厚度"为"0.0"，"高度"为"5.0"，"进给率 %"为"100.0"，"中心轴角度"为"10.0"，"方向"选择"右"，"退出曲线"参数设置同上，勾选"封闭环重叠"复选按钮，其值为"10.0"（图4-11）。

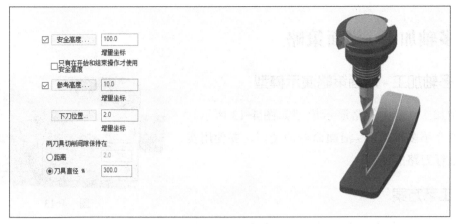

图 4-10

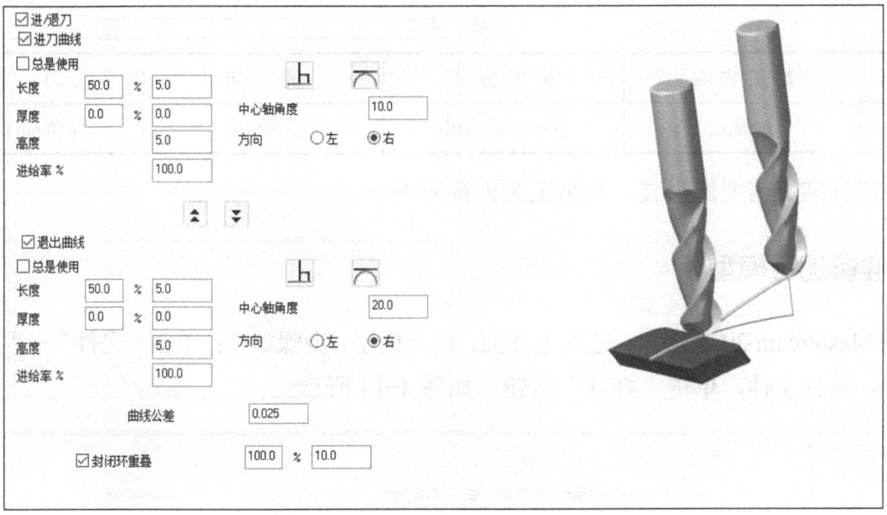

图 4-11

8）单击 按钮，执行刀具路径运算，刀具路径运算结果如图 4-12 所示。

图 4-12

4.2 多轴加工 - 沿面策略

4.2.1 多轴加工 - 沿面策略演示模型

多轴加工 - 沿面策略演示模型如图 4-13 所示。本节主要介绍多轴加工 - 沿面命令的使用，并使用实体模型进行刀路的编制。

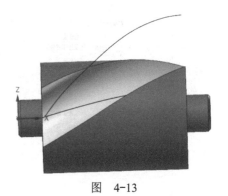

图 4-13

4.2.2 工艺方案

多轴加工 - 沿面策略演示模型的加工工艺方案见表 4-2。

表 4-2

工 序 号	加 工 内 容	加 工 方 式	机　床	刀　具
1	精加工	多轴加工 - 沿面	五轴机床	ϕ10mm 球刀

此类零件装夹需要做工装，利用工装夹持即可。

4.2.3 准备加工模型

打开 Mastercam 2022 软件，进入主界面，打开模型，步骤如下：单击"文件"→"打开"→"模型"，选择文件，单击"打开"按钮，如图 4-14 所示。

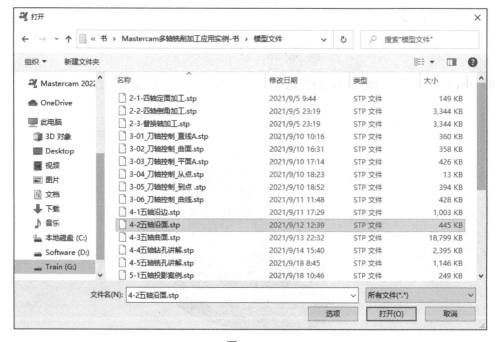

图 4-14

4.2.4　机床选择

在"机床"选项卡中选择"铣床"→"管理列表"→选择"GENERIC HAAS ES-5 5X HMC MILL MM.mcam-mmd"，单击"添加"→ ✓ 按钮，选择"GENERIC HAAS ES-5 5X HMC MILL MM.mcam-mmd"进行定义，如图 4-15 所示。

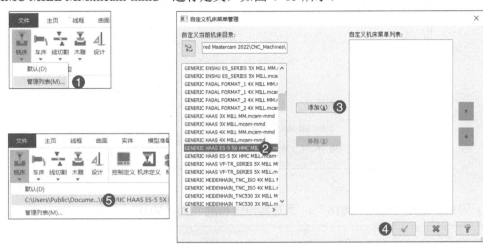

图　4-15

4.2.5　编程详细操作步骤

步骤：单击"刀路"→"多轴加工"→"沿面"按钮，弹出"多轴刀路 - 沿面"对话框，如图 4-16 所示。

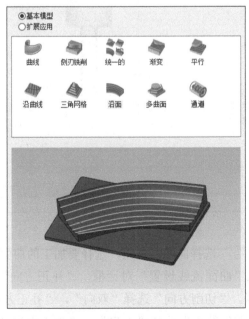

图　4-16

需要设定的参数如下：

1）刀具：新建ϕ10mm球刀，"主轴转速"为"4500"，"进给速率"为"2500.0"，"下刀速率"为"1000.0"，勾选"快速提刀"复选按钮（图4-17）。

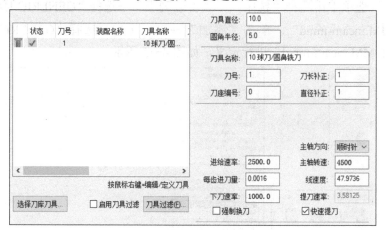

图　4-17

2）刀柄：选用"B2C4-0016"，"刀具伸出长度"为"50.0"（图4-18）。

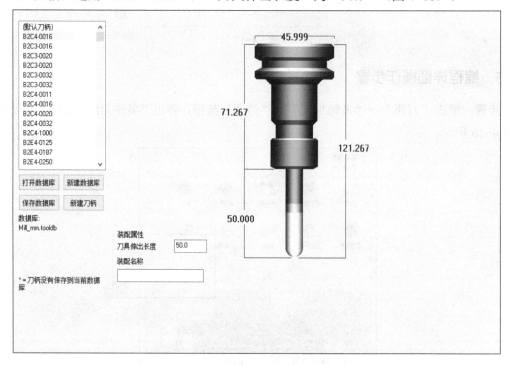

图　4-18

3）切削方式：单击 ▸ （选择曲面）按钮，选择要加工的曲面（图4-19中①），单击"结束选择"按钮，进入"曲面流线设置"对话框，"补正方向"要选对，"切削方向"选择大面，如图4-19所示。"切削方向"选择"双向"，"补正方式"选择"电脑"，"补正方向"选择"左"，"刀尖补正"选择"刀尖"，"加工面预留量"为"0.0"，在"切削间距"选项组中，"距离"为"5.0"（实际加工按要求改小）。

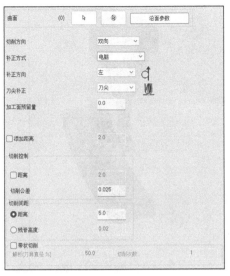

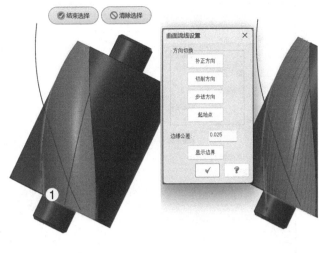

图 4-19

4）刀轴控制："刀轴控制"选择"曲线"，单击 <img 选择）按钮进入"线框串连"对话框，"模式"选择 <img（线框）按钮，单击"3D"单选按钮，"选择方式"选择 <img（串连）按钮，选择刀轴控制曲线（图 4-20 中①），单击 <img 按钮弹出"串联选项"对话框，勾选"串连上最接近的点"单选按钮，单选 <img 按钮。"输出方式"选择"5 轴"，"轴旋转于"选择"X 轴"，设置"前倾角"为"0.0"、"侧倾角"为"0.0"、"刀具向量长度"为"25.0"（图 4-20）。

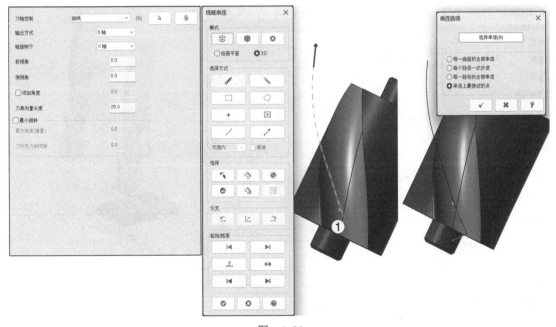

图 4-20

5）共同参数：勾选"安全高度 ..."复选按钮，其值为"100.0"增量坐标，勾选"参考高度 ..."复选按钮，其值为"10.0"增量坐标；"下刀位置 ..."为"2.0"增量坐标；在"两刀具切削间隙保持在"选项组中，设置"刀具直径 %"为"300.0"（图 4-21）。

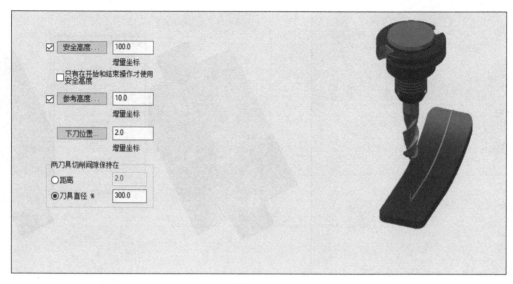

图　4-21

6）进 / 退刀：勾选"进 / 退刀""进刀曲线"复选按钮，"长度"为"5.0"，"厚度"为"0.0"，"高度"为"5.0"，"进给率 %"为"100.0"，"中心轴角度"为"0.0"，"方向"选择"左"，"退出曲线"参数设置同上，"熔接连接选项"选择"跳过第一和最后个路径"（图 4-22）。

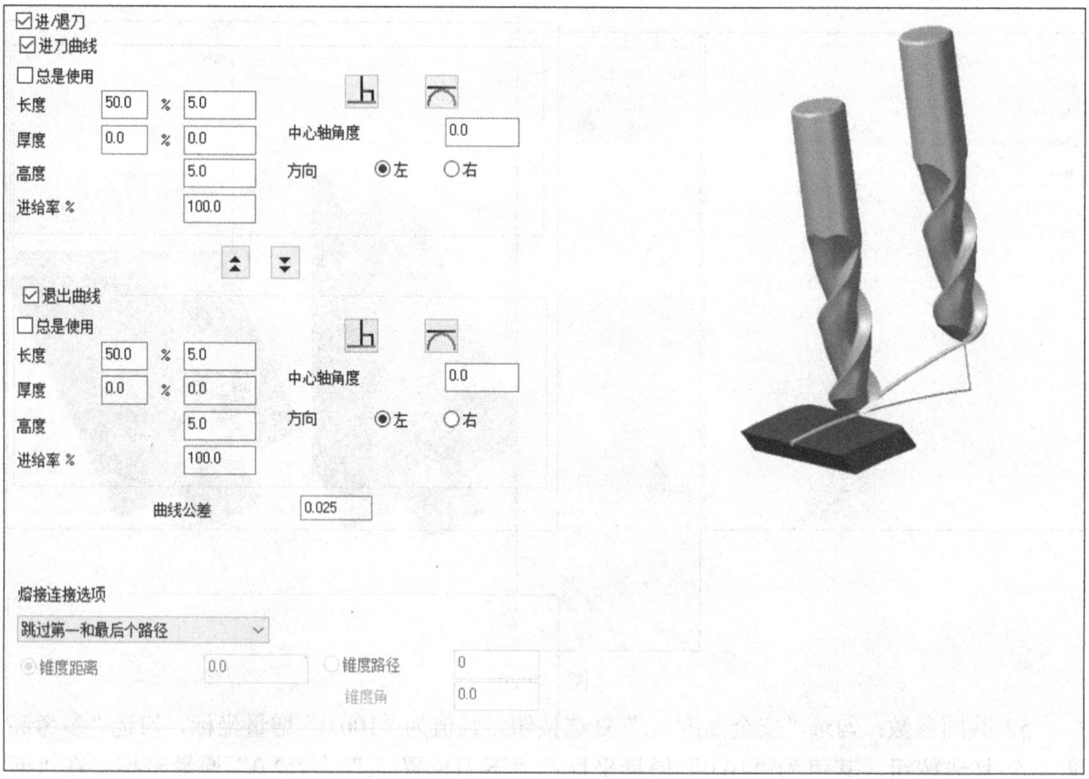

图　4-22

7）单击 ☑ 按钮，执行刀具路径运算，刀具路径运算结果如图 4-23 所示。

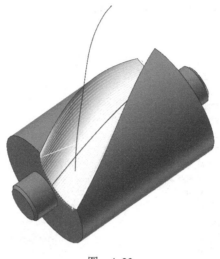

图　4-23

4.3　多轴加工 - 多曲面策略

4.3.1　多轴加工 - 多曲面策略演示模型

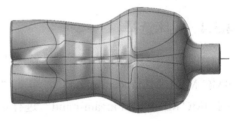

多轴加工 - 多曲面策略演示模型如图 4-24 所示。本节主要介绍多轴加工 - 多曲面命令的使用，并使用实体模型进行刀路的编制。

图　4-24

4.3.2　工艺方案

多轴加工 - 多曲面策略演示模型的加工工艺方案见表 4-3。

表 4-3　加工工艺方案

工 序 号	加 工 内 容	加 工 方 式	机 床	刀 具
1	曲面策略演示	多轴加工 - 多曲面	五轴机床	ϕ8mm 球刀

此类零件装夹需要做工装，利用工装夹持即可。

4.3.3　准备加工模型

打开 Mastercam 2022 软件，进入主界面，打开模型，步骤如下：单击"文件"→"打开"→"模型"，选择文件，单击"打开"按钮，如图 4-25 所示。

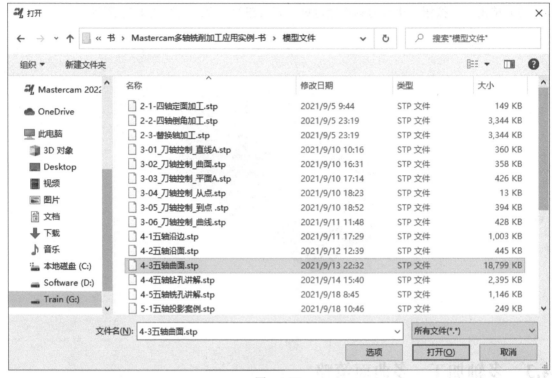

图 4-25

4.3.4 机床选择

在"机床"选项卡中选择"铣床"→"管理列表"→选择"GENERIC HAAS ES-5 5X HMC MILL MM.mcam-mmd",单击"添加"→ ✓ 按钮,选择"GENERIC HAAS ES-5 5X HMC MILL MM.mcam-mmd"进行定义,如图 4-26 所示。

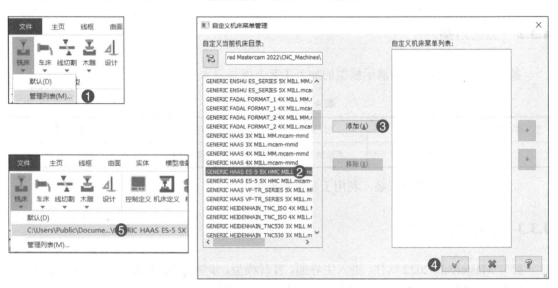

图 4-26

4.3.5 编程详细操作步骤

步骤： 单击"刀路"→"多轴加工"→"多曲面"按钮，弹出"多轴刀路 - 多曲面"对话框，如图 4-27 所示。

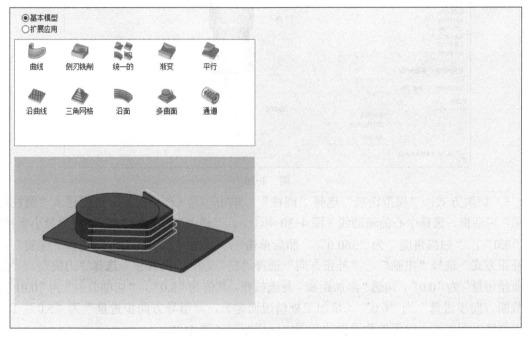

图 4-27

需要设定的参数如下：

1）刀具：新建 ϕ8mm 球刀，"主轴转速"为"4500"，"进给速率"为"2500.0"，"下刀速率"为"600.0"，勾选"快速提刀"复选按钮（图 4-28）。

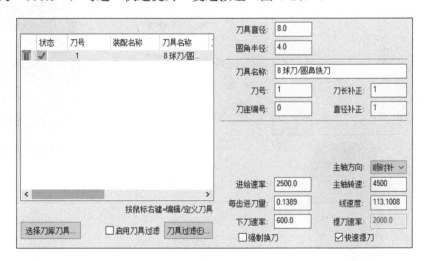

图 4-28

2）刀柄：选用"B2C4-0016"，"刀具伸出长度"为"35.0"（图 4-29）。

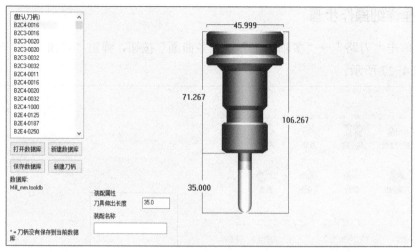

图 4-29

3）切削方式："模型选项"选择"圆柱"，单击 ▣（选择曲面）按钮进入"圆柱体选项"对话框，选择中心的辅助线（图 4-30 中①），"最大半径"为"35.0"，"最小半径"为"8.0"，"扫描角度"为"360.0"，然后单击 ✓ 按钮。"切削方向"选择"螺旋"，"补正方式"选择"电脑"，"补正方向"选择"左"，"刀尖补正"选择"刀尖"，"加工面预留量"为"0.0"，勾选"添加距离"复选按钮，其值为"3.0"，"切削公差"为"0.01"，"截断方向步进量"为"6.0"（精加工视情况而定），"引导方向步进量"为"5.0"（精加工视情况而定）。沿面参数设置的和图中一样即可（图 4-30）。

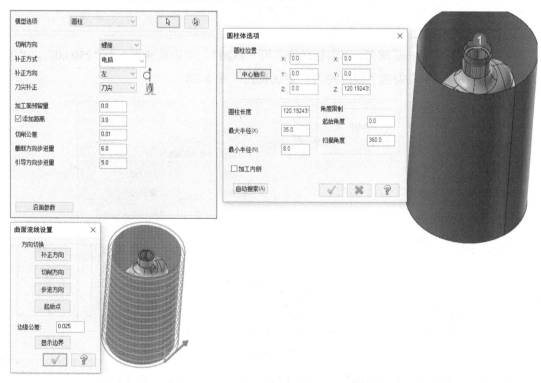

图 4-30

4）刀轴控制："刀轴控制"选择"曲面"，"输出方式"选择"4 轴"，"旋转轴"选择"Z 轴"，设置"前倾角"为"0.0"、"侧倾角"为"0.0"、"刀具向量长度"为"25.0"（图 4-31）。

图　4-31

5）碰撞控制：单击　选择曲面按钮选择补正曲面（图 4-32 中①），单击"结束选择"按钮（图 4-32）。

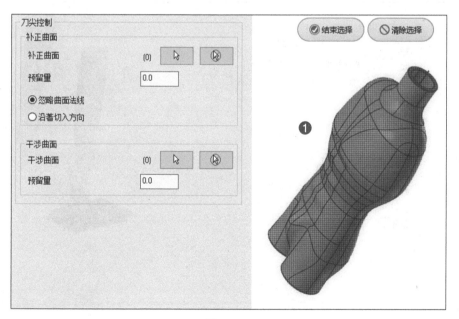

图　4-32

6）共同参数：勾选"安全高度 ..."复选按钮，其值为"100.0"增量坐标；勾选"参考高度 ..."复选按钮，其值为"10.0"增量坐标；"下刀位置 ..."为"2.0"增量坐标；在"两刀具切削间隙保持在"选项组中，设置"刀具直径 %"为"300.0"（图 4-33）。

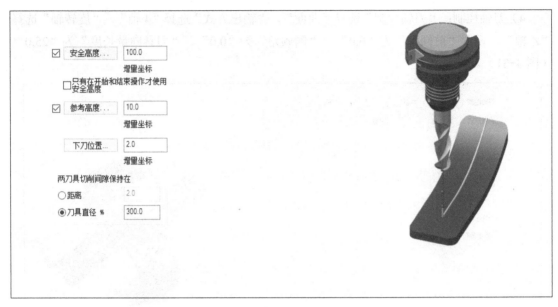

图 4-33

7）进 / 退刀：勾选"进 / 退刀""进刀曲线"复选按钮，"长度"为"5.0"，"厚度"为"0.0"，"高度"为"5.0"，"进给率 %"为"100.0"，"中心轴角度"为"0.0"，"方向"选择"左"，"退出曲线"参数设置同上，"熔接连接选项"选择"正垂面边缘"（图 4-34）。

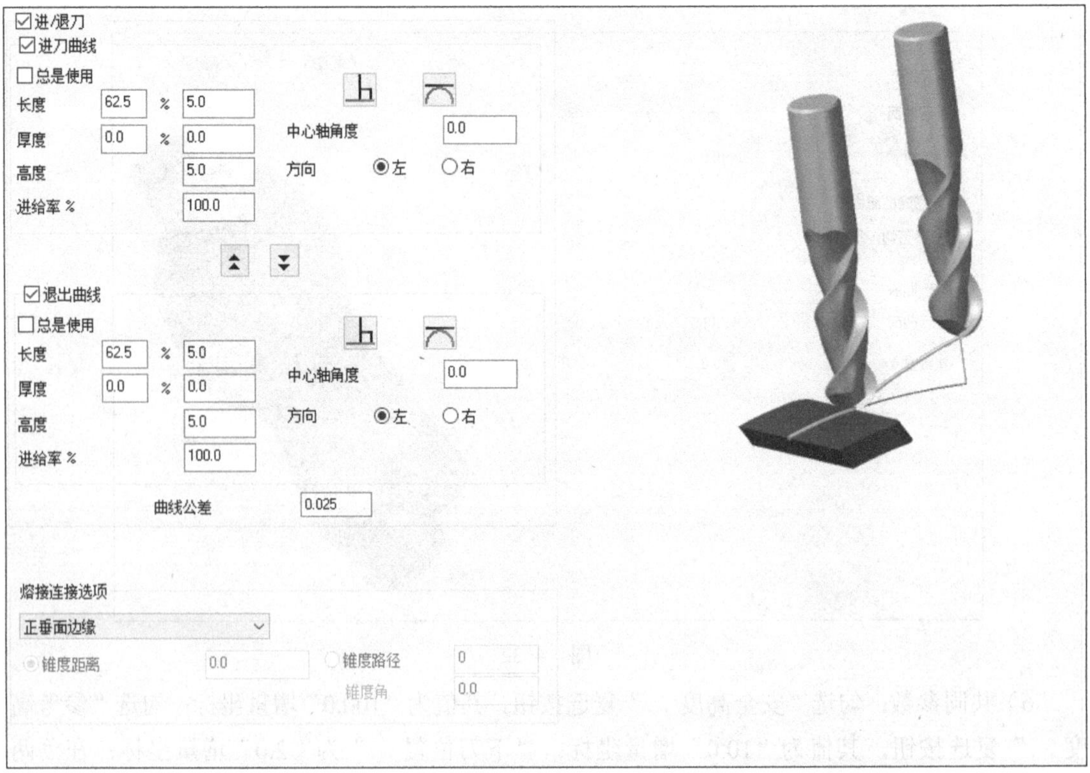

图 4-34

8）单击 按钮，执行刀具路径运算，刀具路径运算结果如图 4-35 所示。

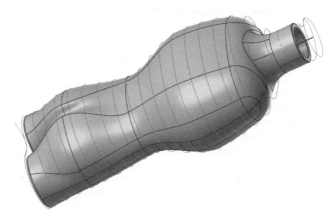

图　4-35

4.4　五轴钻孔策略

4.4.1　五轴钻孔策略演示模型

五轴钻孔策略演示模型如图 4-36 所示。本节主要
介绍 2D 加工 - 钻孔命令的使用，并使用实体模型进行
刀路的编制。

4.4.2　工艺方案

图　4-36

五轴钻孔策略演示模型的加工工艺方案见表 4-4。

表　4-4

工 序 号	加 工 内 容	加 工 方 式	机 床	刀 具
1	五轴钻孔	2D 加工 - 钻孔	五轴机床	ϕ6mm 钻头

此类零件装夹需要做工装，利用工装夹持即可。

4.4.3　准备加工模型

打开 Mastercam 2022 软件，进入主界面，打开模型，步骤如下：单击"文件"→"打开"→
"模型"，选择文件，单击"打开"按钮，如图 4-37 所示。

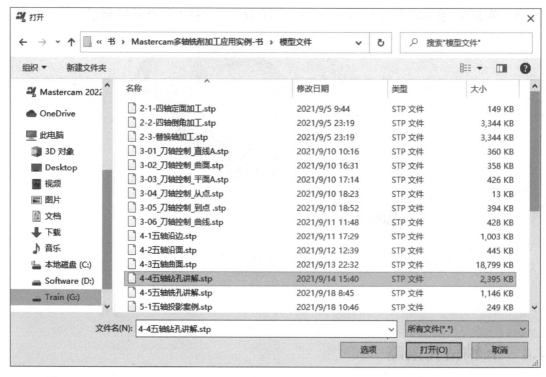

图 4-37

4.4.4 机床选择

在"机床"选项卡中选择"铣床"→"管理列表"→选择"GENERIC HAAS ES-5 5X HMC MILL MM.mcam-mmd",单击"添加"→ ✓ 按钮,选择"GENERIC HAAS ES-5 5X HMC MILL MM.mcam-mmd"进行定义,如图 4-38 所示。

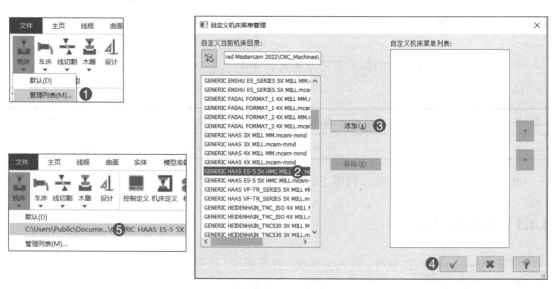

图 4-38

4.4.5 编程详细操作步骤

步骤：单击"刀路"→"2D"→"钻孔"图标，弹出"刀路孔定义"对话框，按住 <ctrl> 键的同时用鼠标左键并单击，选取 ϕ6mm 的孔特征，如图 4-39 所示，单击 ✓ 按钮。

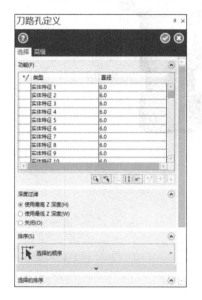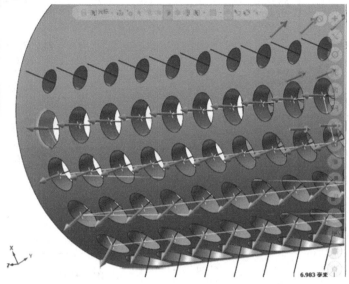

图 4-39

需要设定的参数如下：

1）刀具：新建 ϕ6mm 钻头，"主轴转速"为"1000"，"进给速率"为"120.0"（图 4-40）。

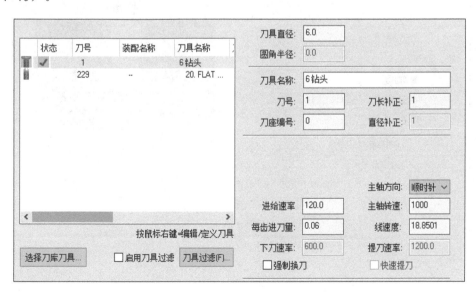

图 4-40

2）刀柄：选用"B2C4-0016"，"刀具伸出长度"为"25.0"（图 4-41）。

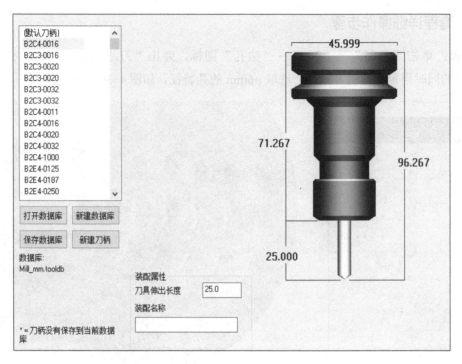

图 4-41

3）切削参数："循环方式"选择"钻头 / 沉头钻"（图 4-42）。

图 4-42

4）刀轴控制："输出方式"选择"5 轴"，"轴旋转于"选择"Z 轴"（图 4-43）。

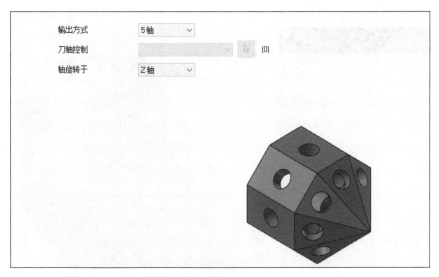

图　4-43

5）共同参数：勾选"计算孔/线的增量值"复选按钮，"参考高度…"为"10.0"，"毛坯顶部…"为"0.0"，"深度…"为"0.0"（图4-44）。

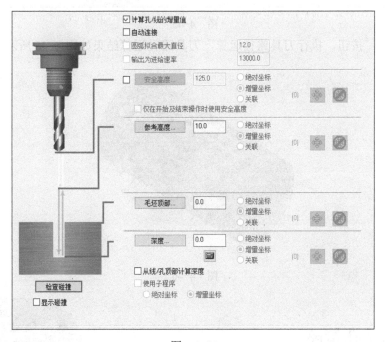

图　4-44

6）安全区域：勾选"安全区域"复选按钮，"选择旋转轴"选择"Z"，"角度步进"为"3.0"，勾选"使用进给率"复选按钮，其值为"13000.0"。单击"定义形状"按钮进入"安全区域"对话框，在"基本"标签中，"图素"选择"手动"，"形状"选择"圆柱体"，"半径"为"35.0"，"轴向"选择"Z"，其他默认即可，单击 ✓ 按钮（图4-45）。

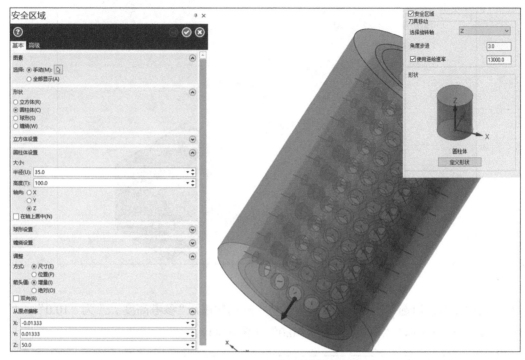

图 4-45

7）单击 ✓ 按钮，执行刀具路径运算，刀具路径运算结果如图 4-46 所示。

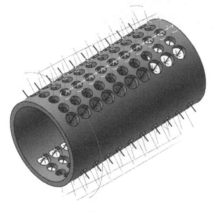

图 4-46

4.5 五轴铣孔策略

4.5.1 五轴铣孔策略演示模型

五轴铣孔策略演示模型如图 4-47 所示。本节主要介绍 2D- 全圆铣削命令的使用，并使用实体模型进行刀路的编制。

图 4-47

4.5.2　工艺方案

五轴铣孔策略演示模型的加工工艺方案见表 4-5。

表　4-5

工　序　号	加　工　内　容	加　工　方　式	机　　　床	刀　　具
1	五轴铣孔	2D- 全圆铣削	五轴机床	ϕ10mm 平铣刀

此类零件装夹需要做工装，利用工装夹持即可。

4.5.3　准备加工模型

打开 Mastercam 2022 软件，进入主界面，打开模型，步骤如下：单击"文件"→"打开"→"模型"，选择文件，单击"打开"按钮，如图 4-48 所示。

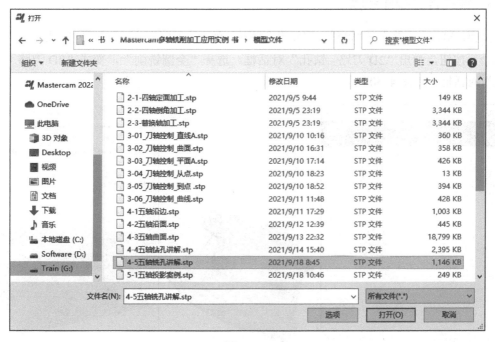

图　4-48

4.5.4　机床选择

在"机床"选项卡中选择"铣床"→"管理列表"→选择"GENERIC HAAS ES-5 5X HMC MILL MM.mcam-mmd"，单击"添加"→ ✓ 按钮，选择"GENERIC HAAS ES-5 5X HMC MILL MM.mcam-mmd"进行定义，如图 4-49 所示。

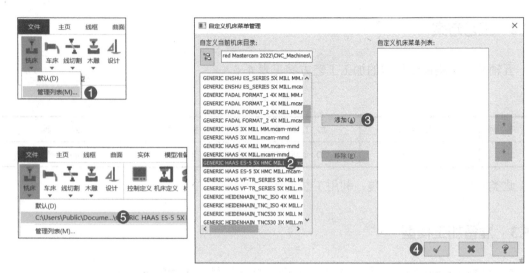

图 4-49

4.5.5 编程详细操作步骤

步骤：单击"刀路"→"2D"→"钻孔"图标，弹出"刀路孔定义"对话框，拾取孔特征，单击 ✓ 按钮，弹出"2D 刀路 - 钻孔"对话框，选择"全圆铣削"，变成"2D 刀路 - 全圆铣削"对话框，如图 4-50 所示。

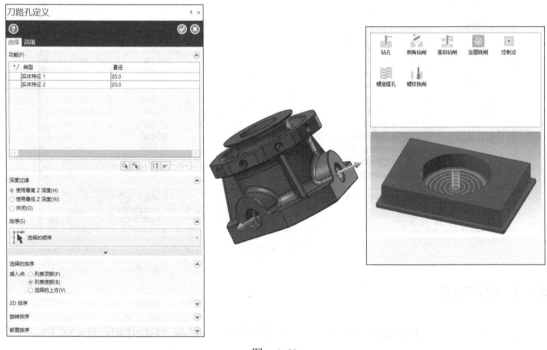

图 4-50

需要设定的参数如下：

1）刀具：新建 ϕ10mm 平铣刀，"主轴转速"为"4500"，"进给速率"为"2500.0"，"下刀速率"为"2000.0"，勾选"快速提刀"复选按钮（图 4-51）。

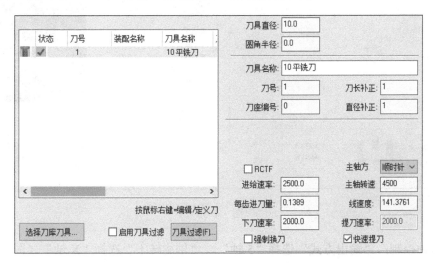

图　4-51

2）刀柄：选用"B2C4-0016"，"刀具伸出长度"为"35.0"（图 4-52）。

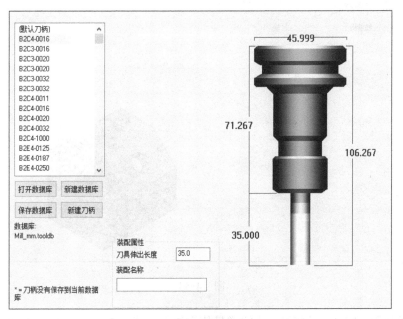

图　4-52

3）切削参数："补正方式"选择"电脑"，"补正方向"选择"左"，"刀尖补正"选择"刀尖"，"壁边预留量"为"0.0"，"底面预留量"为"0.0"。勾选"粗切"复选按钮，"步进量"为"1.5"，勾选"螺旋进刀"复选按钮，"最小半径"为"1.0"，"最大半径"为"3.0"，"XY 预留量"为"0.2"，"Z 间距"为"12.0"，"进刀角度"为"2.0"，如果无法执行螺旋进刀时选择"中断程序"单选按钮（图 4-53）。

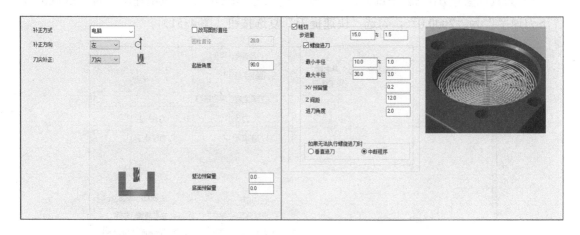

图 4-53

4）刀轴控制："输出方式"选择"5 轴"，"轴旋转于"选择"X 轴"（图 4-54）。

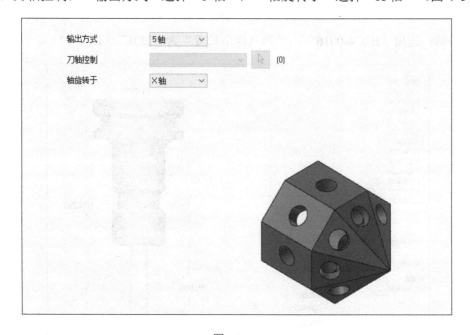

图 4-54

5）共同参数：勾选"计算孔 / 线的增量值"复选按钮，"提刀 …"为"10.0"，"毛坯顶部 …"为"0.0"，"深度 …"为"0.0"（图 4-55）。

6）安全区域：勾选"安全区域"复选按钮，"选择旋转轴"选择"5 轴"，"角度步进"为"3.0"，勾选"使用进给率"复选按钮，其值为"13000.0"。单击"定义形状"按钮进入"安全区域"对话框，在"基本"标签中，"图素"选择"手动"，"形状"选择"圆柱体"，"半径"为"75.0"，"轴向"选择"Z"，其他默认即可，单击 ✓ 按钮（图 4-56）。

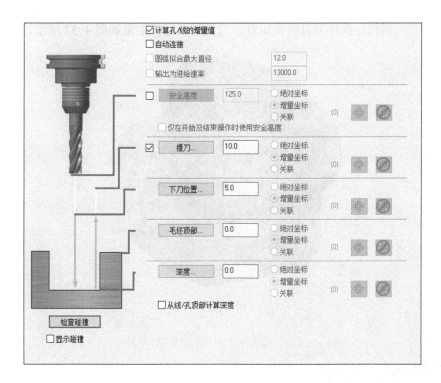

图　4-55

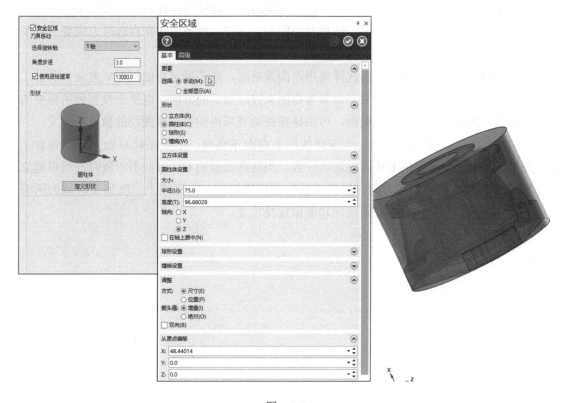

图　4-56

7）单击 ✓ 按钮，执行刀具路径运算，刀具路径运算结果如图 4-57 所示。

图　4-57

4.6　工程师经验点评

（1）多轴加工 - 沿边策略　当选择使用沿边策略时，此策略同样与侧刃铣削策略的注意事项相同。曲面需为拉伸直的曲面、注意曲面的 UV 方向、两条曲线在点选时方向要一致及注意曲面相邻的间隙，另外点分布与扇形距离也要注意。

（2）多轴加工 - 沿面策略　当选择使用沿面策略时，需要确定曲面的 UV 方向。若加工的曲面切削方向不适合时，可建立一个参考曲面来控制加工的方向，以便于投影到所需要的加工区域上。此加工区域的所有曲面，可由碰撞控制选项内的补正曲面功能做选择定义。

（3）多轴加工 - 多曲面策略　当选择使用多曲面策略时，主要是针对加工区域包含了多个曲面，并且这些曲面的 UV 方向都需一致。当这些曲面的 UV 方向不一致时，可以建立一个参考曲面来控制此加工方向，以便于投影到所需要的加工区域上。此加工区域的所有曲面，可由碰撞控制选项内的补正曲面功能做选择定义。

第5章 高级五轴加工策略应用

5.1 多轴加工 - 投影策略

5.1.1 多轴加工 - 投影策略演示模型

图 5-1 所示为多轴加工 - 投影策略演示模型如图 5-1 所示。本节主要介绍多轴加工 - 投影命令的使用，并使用实体模型进行刀路的编制。

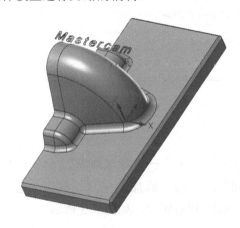

图　5-1

5.1.2 工艺方案

多轴加工 - 投影策略演示模型的加工工艺方案见表 5-1。

表　5-1

工 序 号	加 工 内 容	加 工 方 式	机 床	刀 具
1	精加工	多轴加工 - 投影	五轴机床	ϕ4mm 木雕刀

此类零件装夹比较简单，利用虎钳夹持即可。

5.1.3 准备加工模型

打开 Mastercam 2022 软件，进入主界面，打开模型，步骤如下：单击"文件"→"打开"→"模型"，选择文件，单击"打开"按钮，如图 5-2 所示。

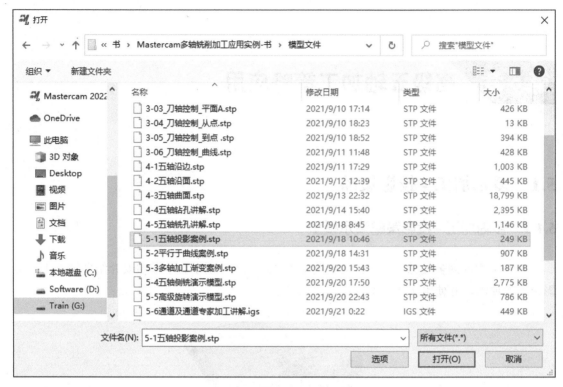

图 5-2

5.1.4 机床选择

在"机床"选项卡中选择"铣床"→"管理列表"→选择"GENERIC HAAS ES-5 5X HMC MILL MM.mcam-mmd"，单击"添加"→☑️按钮，选择"GENERIC HAAS ES-5 5X HMC MILL MM.mcam-mmd"进行定义，如图 5-3 所示。

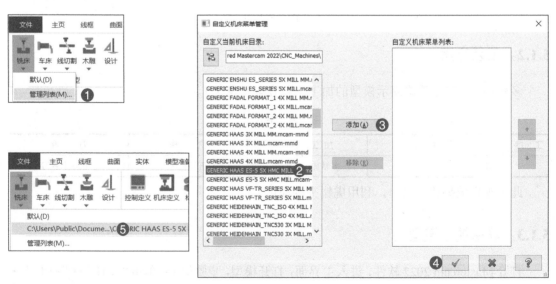

图 5-3

5.1.5　编程详细操作步骤

步骤：单击"刀路"→"多轴加工"→"投影"按钮，弹出"多轴刀路 - 投影"对话框，如图 5-4 所示。

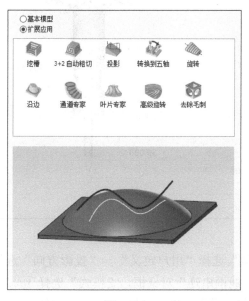

图　5-4

需要设定的参数如下：

1）刀具：新建 ϕ4mm 木雕刀，"主轴转速"为"10000"，"进给速率"为"1000.0"，"下刀速率"为"1000.0"，勾选"快速提刀"复选按钮（图 5-5）。

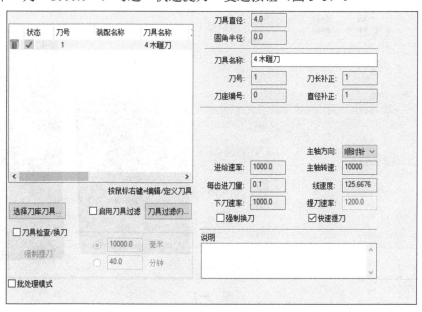

图　5-5

2）刀柄：选用"B2C4-0011"，"刀具伸出长度"为"30.0"（图 5-6）。

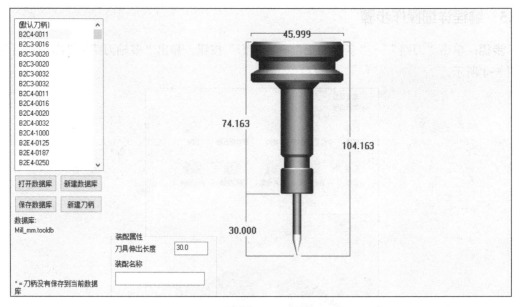

图 5-6

3）切削方式："类型"选择"用户定义"，"投影方向"选择"曲面法向"，单击▣（投影选择）按钮，进入"线框串连"对话框，"模式"选择▣（线框）按钮，单击"3D"单选按钮，"选择方式"选择▭（框选）按钮，框选要投影加工的线（图 5-7 中①），选择开始点，然后单击 ◎ 按钮。单击▣（加工几何图形选择）按钮，拾取要加工的面（图 5-7 中②、③），单击"结束选择"按钮，"最大投影距离"为"100"（图 5-7）。

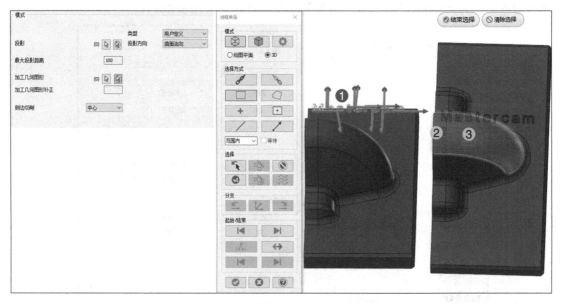

图 5-7

4）刀轴控制："输出方式"选择"5 轴"，"最大角度步进量"为"3"，"刀轴控制"选择"倾斜曲面"，"定义侧倾"选择"在每个位置正交于切削方向"。"前倾角"为"0"，

"侧倾角"为"0"，"刀具参考点"为"自动"。其他均默认即可（图 5-8）。

输出方式	5 轴
最大角度步进量	3
刀轴控制	倾斜曲面
定义侧倾	在每个位置正交于切削方向
前倾角	0
侧倾角	0
□ 限制	
刀具参考点	自动

图　5-8

5）单击 ✓ 按钮，执行刀具路径运算，刀具路径运算结果如图 5-9 所示。

图　5-9

5.2　多轴加工 - 平行之曲线策略

5.2.1　多轴加工 - 平行之曲线策略演示模型

多轴加工 - 平行之曲线策略演示模型如图 5-10 所示。本节主要介绍多轴加工 - 平行之曲线命令的使用，并使用实体模型进行刀路的编制。

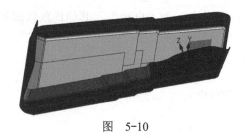

图 5-10

5.2.2 工艺方案

多轴加工 - 平行之曲线策略演示模型的加工工艺方案见表 5-2。

表 5-2

工 序 号	加 工 内 容	加 工 方 式	机 床	刀 具
1	精加工	多轴加工 - 平行	五轴机床	ϕ10mm 圆鼻铣刀

此类零件装夹需要做工装，利用工装夹持即可。

5.2.3 准备加工模型

打开 Mastercam 2022 软件，进入主界面，打开模型，步骤如下：单击"文件"→"打开"→"模型"，选择文件，单击"打开"按钮，如图 5-11 所示。

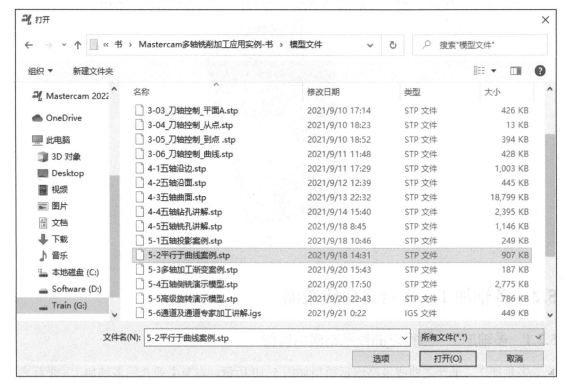

图 5-11

5.2.4　机床选择

在"机床"选项卡中选择"铣床"→"管理列表"→选择"GENERIC HAAS ES-5 5X HMC MILL MM.mcam-mmd"，单击"添加"→ ✓ 按钮，选择"GENERIC HAAS ES-5 5X HMC MILL MM.mcam-mmd"进行定义，如图 5-12 所示。

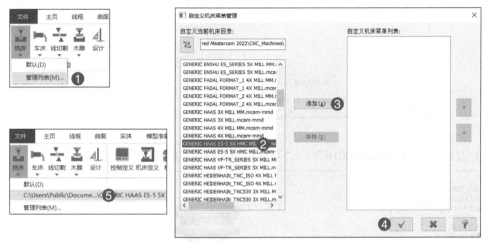

图　5-12

5.2.5　编程详细操作步骤

步骤：单击"刀路"→"多轴加工"→"平行"按钮，弹出"多轴刀路 - 平行"对话框，如图 5-13 所示。

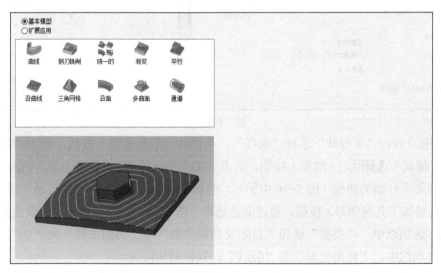

图　5-13

需要设定的参数如下：

1）刀具：新建 ϕ10mm 圆鼻铣刀，"主轴转速"为 4500，"进给速率"为"2500.0"，"下刀速率"为"2000.0"，勾选"快速提刀"复选按钮（图 5-14）。

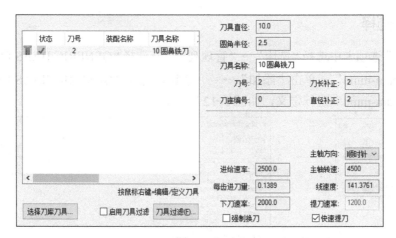

图 5-14

2）刀柄：选用 "B2C4-0016"，"刀具伸出长度" 为 "75.0"（图 5-15）。

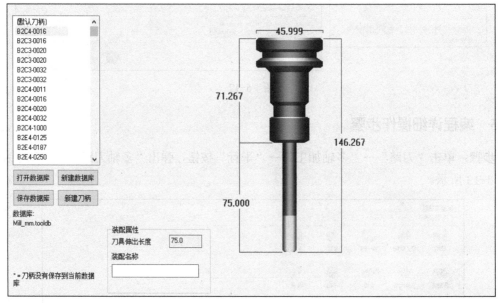

图 5-15

3）切削方式："平行到" 选择 "曲线"，单击 ▧（选择曲线）按钮，进入 "线框串连" 对话框，"模式" 选择 ⊕（线框）按钮，单击 "3D" 单选按钮，"选择方式" ⟋（串连）按钮，选择要平行到的曲线（图 5-16 中①），然后单击 ◉ 按钮。在 "加工面" 选项组中，单击 ▧（选择加工几何图形）按钮，通过颜色选取（图 5-16 中②），单击 "结束选择" 按钮。在 "区域" 选项组中，"类型" 选择 "自定义切削次数"，"切削次数" 为 "10"；在 "曲面质量" 选项组中，"切削公差" 为 "0.0 1"，其他默认即可。

处理曲面边缘参数："合并曲面，距离如果小于" 选择 "作为值" 单选按钮，其值为 "0.1"。

曲面质量高级选项：在 "步进量计算" 选项组中，"方法" 选择 "近似"，"串连公差" 为 "0.1"，勾选 "缓慢并创建安全路径" "自适应切削" 复选按钮；在 "点分布" 选项组中，勾选 "最大距离" 复选按钮，其值为 "0.5"，其他默认即可（图 5-16）。

图　5-16

4）刀轴控制："输出方式"选择"5轴"，"最大角度步进量"为"1"，"刀轴控制"选择"倾斜曲面"，"定义侧倾"选择"沿曲面等角方向"，"将侧倾斜设置为"选择"角度"，"前倾角"为"0.0"，"侧倾角"为"90.0"，"刀具参考点"选择"自动"（图5-17）。

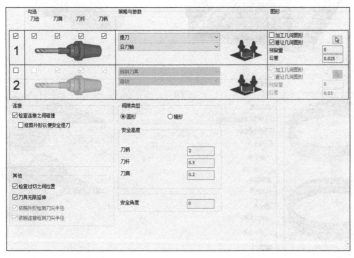

图　5-17

5）碰撞控制：分别勾选"刀齿""刀肩""刀杆""刀柄"；"策略与参数"选择"提刀""沿刀轴"；"图形"勾选"避让几何图形"复选按钮，单击 ▨（选择避让几何图形）按钮，通过颜色选取（图5-18中①），单击"结束选择"按钮。"连接"勾选"检查连接之间碰撞"；"其他"勾选"检查过切之间位置"和"刀具无限延伸"复选按钮，其他默认即可（图5-18）。

图　5-18

6）连接方式：在"进 / 退刀"选项组中，"开始点"选择"使用切入"，"结束点"选择"使用切出"；在"安全区域"选项组中，"类型"选择"平面"，"方向"选择"Z 轴"，"高度"选择"用户定义"，其值为"100"（图 5-19）。

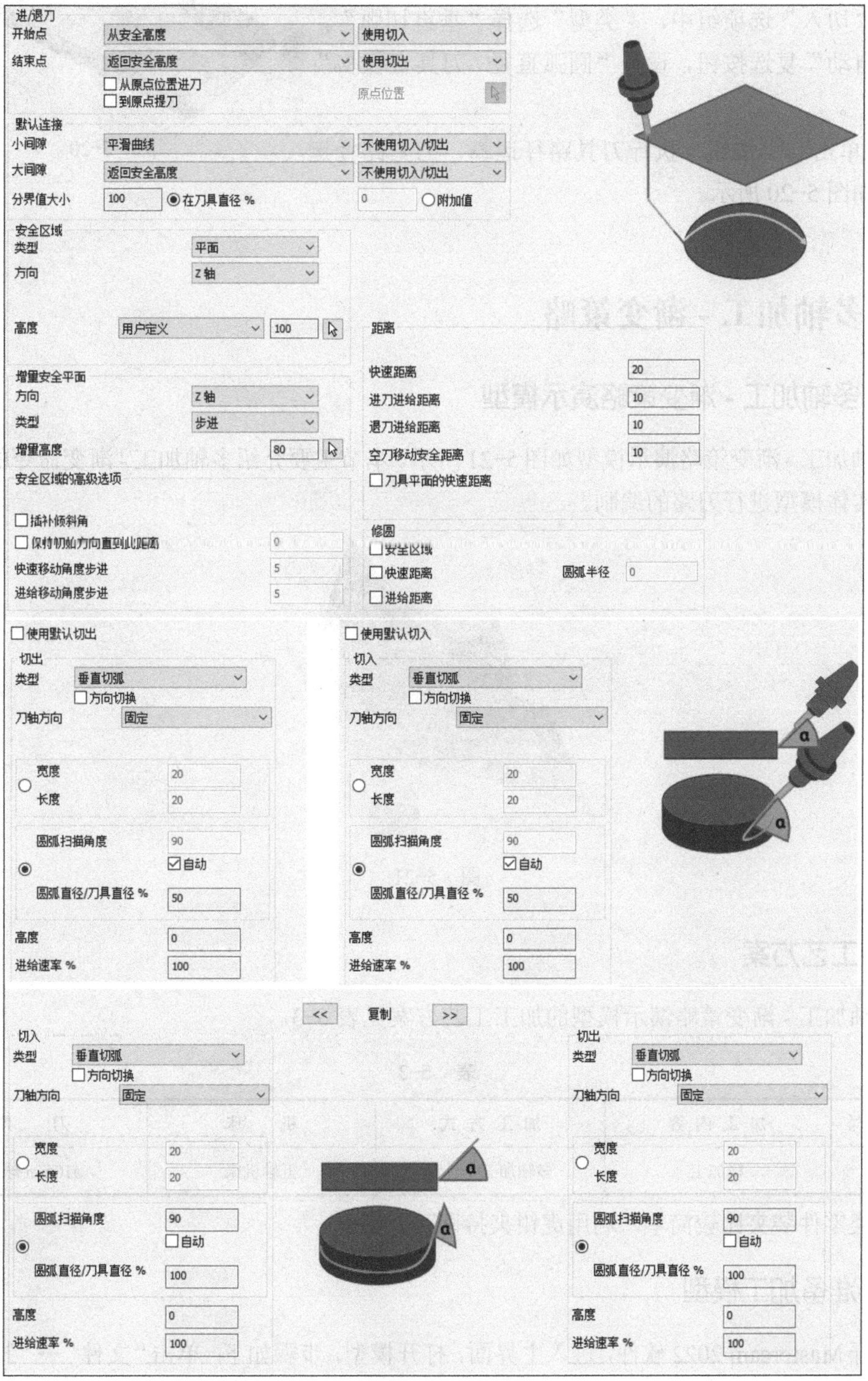

图　5-19

在"切出"选项组中，"类型"选择"垂直切弧"，勾选"自动"复选按钮，设置"圆弧直径 / 刀具直径 %"为"50"。

在"切入"选项组中，"类型"选择"垂直切弧"，勾选"自动"复选按钮，设置"圆弧直径 / 刀具直径 %"为"50"。

图　5-20

7）单击 按钮，执行刀具路径运算，刀具路径运算结果如图 5-20 所示。

5.3　多轴加工 - 渐变策略

5.3.1　多轴加工 - 渐变策略演示模型

多轴加工 - 渐变策略演示模型如图 5-21 所示。本节主要介绍多轴加工 - 渐变命令的使用，并使用实体模型进行刀路的编制。

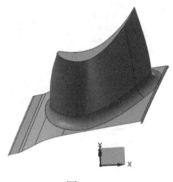

图　5-21

5.3.2　工艺方案

多轴加工 - 渐变策略演示模型的加工工艺方案见表 5-3。

表　5-3

工　序　号	加 工 内 容	加 工 方 式	机　　床	刀　　具
1	精加工	多轴加工 - 渐变	五轴机床	ϕ10mm 球刀

此类零件装夹比较简单，利用虎钳夹持即可。

5.3.3　准备加工模型

打开 Mastercam 2022 软件，进入主界面，打开模型，步骤如下：单击"文件"→"打开"→"模型"，选择文件，单击"打开"按钮，如图 5-22 所示。

图　5-22

5.3.4　机床选择

在"机床"选项卡中选择"铣床"→"管理列表"→选择"GENERIC HAAS ES-5 5X HMC MILL MM.mcam-mmd"，单击"添加"→ ✓ 按钮，选择"GENERIC HAAS ES-5 5X HMC MILL MM.mcam-mmd"进行定义，如图 5-23 所示。

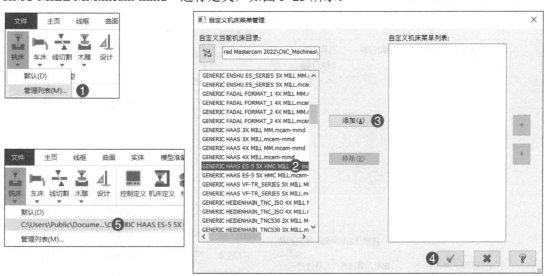

图　5-23

5.3.5 编程详细操作步骤

步骤: 单击"刀路"→"多轴加工"→"渐变"按钮,弹出"多轴刀路 - 渐变"对话框,如图 5-24 所示。

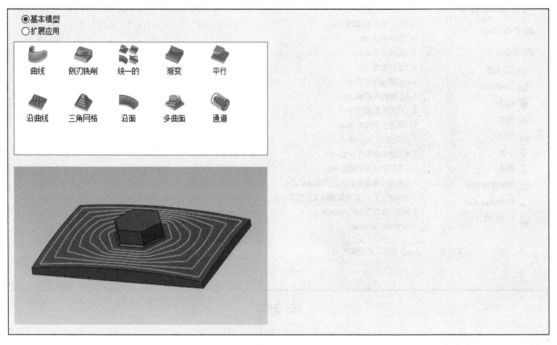

图 5-24

需要设定的参数如下:

1)刀具:新建 ϕ5mm 球刀,"主轴转速"为"4500","进给速率"为"1500.0","下刀速率"为"1000.0",勾选"快速提刀"复选按钮(图 5-25)。

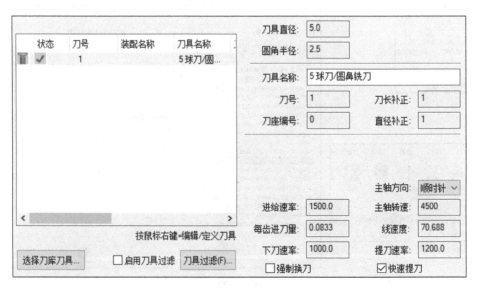

图 5-25

2）刀柄：选用"B2C4-0016"，"刀具伸出长度"为"30.0"（图 5-26）。

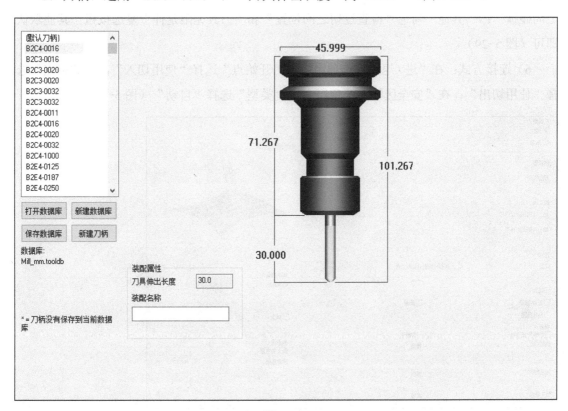

图　5-26

3）切削方式：在"从模型"选项组中单击"曲线"单选按钮，单击 （选取曲线）按钮，进入"线框串连"对话框，"模式"选择 （线框）按钮，单击"3D"单选按钮，"选择方式"选择 （串连）按钮，选择要加工的第一条曲线（图 5-27 中①），然后单击 按钮。在"到模型"选项组中单击 （选取模型图形）按钮，进入"线框串连"对话框，"模式"选择 （线框）按钮，单击"3D"单选按钮，"选择方式"选择 （串连）按钮，选择要加工的另一条曲线（图 5-27 中②），然后单击 按钮。在"加工面"选项组中，单击 （选取加工几何图形）按钮，选择要加工的曲面（图 5-27 中③），然后单击"结束选择"按钮。在"排序"选项组中，"切削方式"选择"螺旋"；在"曲面质量"选项组中，"切削公差"为"0.01"。其他默认即可（图 5-27）。

4）刀轴控制："输出方式"选择"5 轴"，"最大角度步进量"为"3"，"刀轴控制"选择"固定轴角度"，"倾斜角度"为"45""Z 轴"，"旋转角度"为"0"。其他默认即可（图 5-28）。

5）碰撞控制：分别勾选"刀齿""刀肩""刀杆""刀柄"；"策略与参数"选择"提刀""沿刀轴"；"图形"勾选"避让几何图形"复选按钮，单击 （选择避让几何图形）

按钮，通过颜色选取（图 5-29 中①），单击"结束选择"按钮。"连接"勾选"检查连接之间碰撞"；"其他"勾选"检查过切之间位置"和"刀具无限延伸"复选按钮。其他默认即可（图 5-29）。

6）连接方式：在"进 / 退刀"选项组中，"开始点"选择"使用切入"，"结束点"选择"使用切出"；在"安全区域"选项组中，"类型"选择"自动"（图 5-30）。

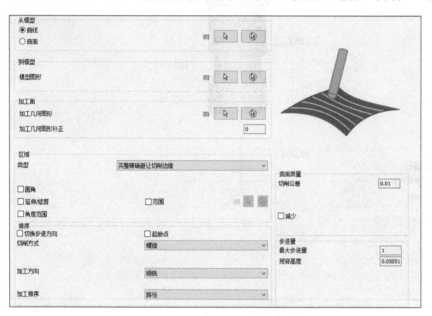

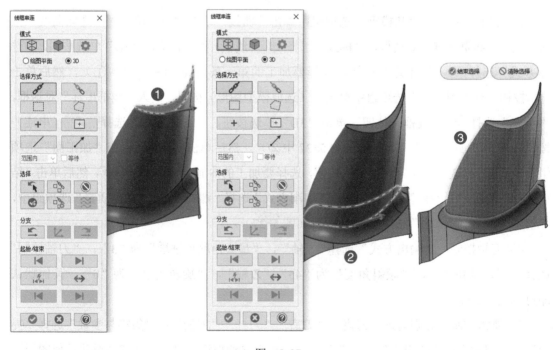

图 5-27

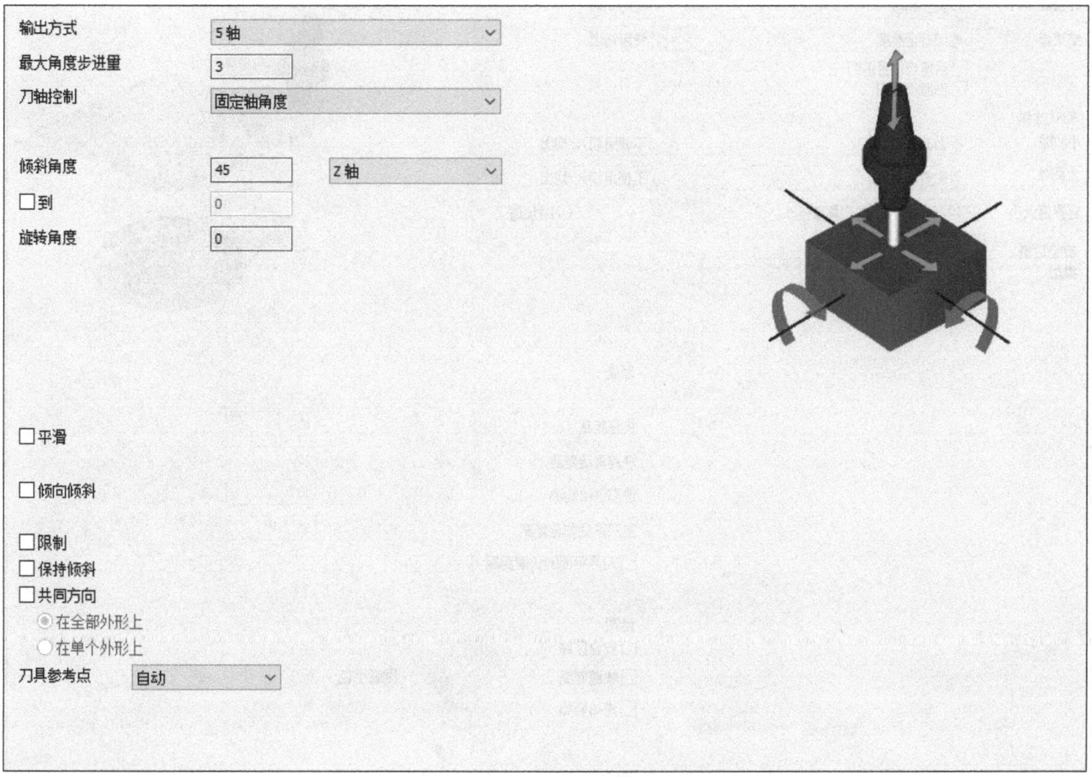

输出方式	5 轴
最大角度步进量	3
刀轴控制	固定轴角度

倾斜角度	45	Z 轴
□到	0
旋转角度	0

□平滑

□倾向倾斜

□限制
□保持倾斜
□共同方向
　◉在全部外形上
　○在单个外形上
刀具参考点　自动

图　5-28

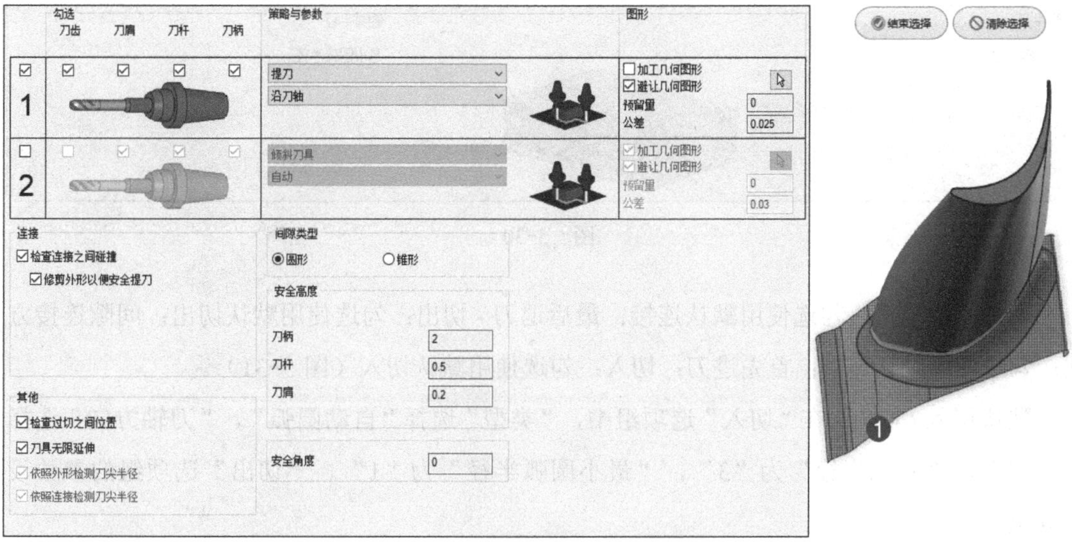

	勾选				策略与参数	图形
1	☑	☑	☑	☑	提刀 / 沿刀轴	□加工几何图形 ☑避让几何图形 预留量 0 公差 0.025
2	□	□	☑	☑	倾斜刀具 / 自动	□加工几何图形 □避让几何图形 预留量 0 公差 0.03

连接
☑检查连接之间碰撞
　☑修剪外形以便安全提刀

间隙类型
◉图形　○锥形
安全高度
刀柄 2
刀杆 0.5
刀肩 0.2

其他
☑检查过切之间位置
☑刀具无限延伸
☑依照外形检测刀尖半径
☑依照连接检测刀尖半径

安全角度 0

结束选择　清除选择

①

图　5-29

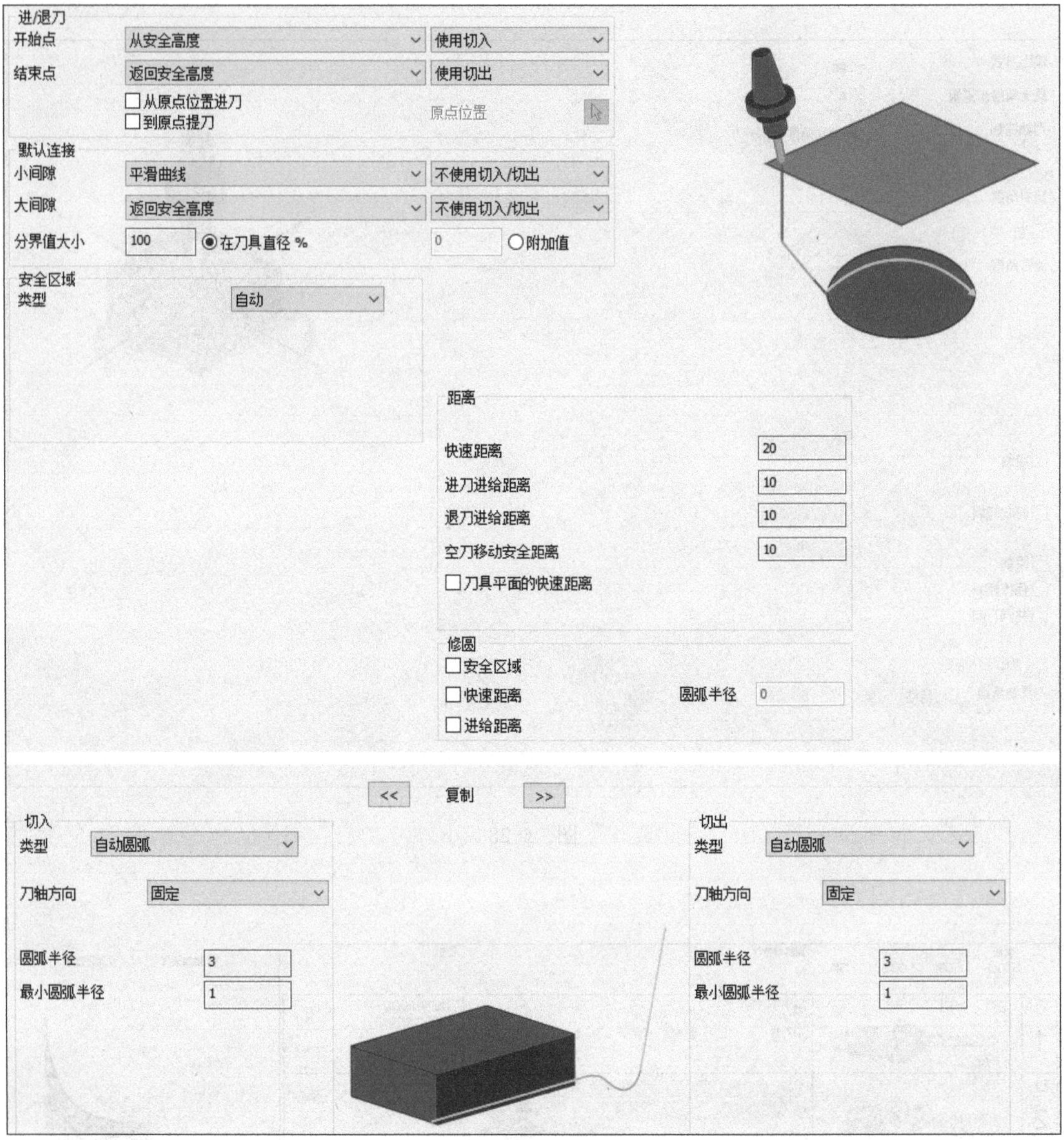

图 5-30

切片间的连接：勾选使用默认连接；最后退刀 - 切出：勾选使用默认切出；间隙连接方式：勾选使用默认连接；首先进刀：切入：勾选使用默认切入（图 5-31）。

默认切入 / 切出：在"切入"选项组中，"类型"选择"自动圆弧"，"刀轴方向"选择"固定"，"圆弧半径"为"3"，"最小圆弧半径"为"1"。"切出"选项组的参数设置同上。

7）单击 √ 按钮，执行刀具路径运算，刀具路径运算结果如图 5-32 所示。

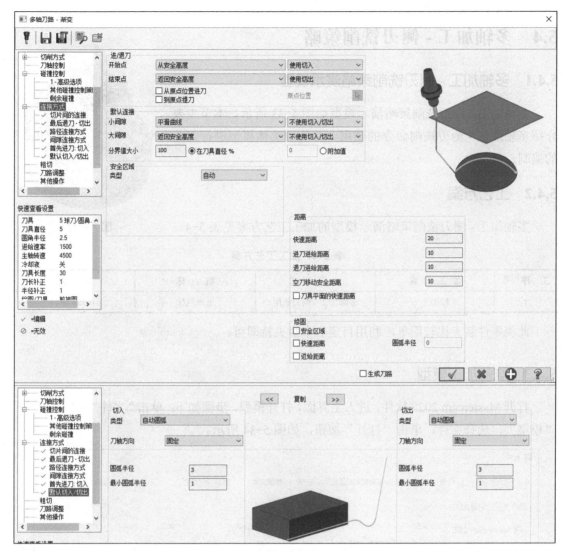

图　5-31

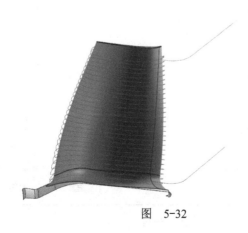

图　5-32

5.4 多轴加工 - 侧刃铣削策略

5.4.1 多轴加工 - 侧刃铣削策略演示模型

多轴加工 - 侧刃铣削策略演示模型如图 5-33 所示。本节主要介绍多轴加工 - 侧刃铣削命令的使用，并使用实体模型进行刀路的编制。

5.4.2 工艺方案

多轴加工 - 侧刃铣削策略演示模型的加工工艺方案见表 5-4。

图 5-33

表 5-4 加工工艺方案

工 序 号	加 工 内 容	加 工 方 式	机 床	刀 具
1	精加工	多轴加工 - 侧刃铣削	五轴机床	ϕ10mm 球刀

此类零件装夹比较简单，利用自定心卡盘夹持即可。

5.4.3 准备加工模型

打开 Mastercam 2022 软件，进入主界面，打开模型，步骤如下：单击"文件"→"打开"→"模型"，选择文件，单击"打开"按钮，如图 5-34 所示。

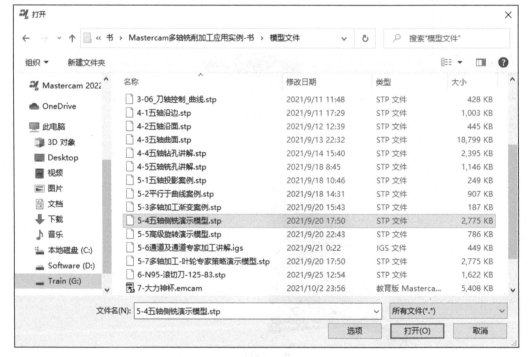

图 5-34

5.4.4 机床选择

在"机床"选项卡中选择"铣床"→"管理列表"→选择"GENERIC HAAS ES-5 5X HMC MILL MM.mcam-mmd",单击"添加"→ ✓ 按钮,选择"GENERIC HAAS ES-5 5X HMC MILL MM.mcam-mmd"进行定义,如图 5-35 所示。

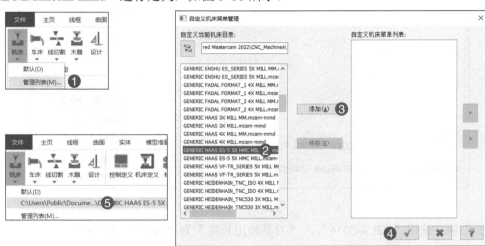

图 5-35

5.4.5 编程详细操作步骤

步骤:单击"刀路"→"多轴加工"→"侧刃铣削"按钮,弹出"多轴刀路 - 侧刃铣削"对话框,如图 5-36 所示。

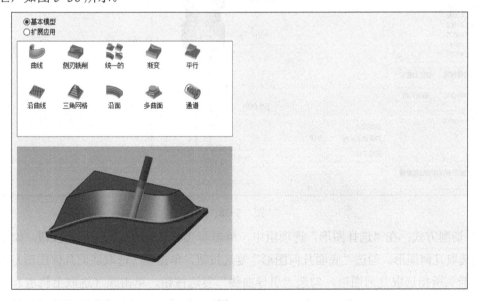

图 5-36

需要设定的参数如下:

1)刀具:新建 ϕ10mm 球刀,"主轴转速"为"4500","进给速率"为"1200.0",

"下刀速率"为"1000.0",勾选"快速提刀"复选按钮(图5-37)。

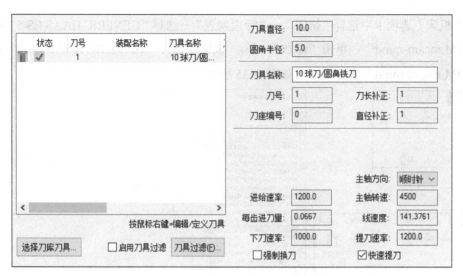

图 5-37

2)刀柄:选用"B2C4-0016","刀具伸出长度"为"60.0"(图5-38)。

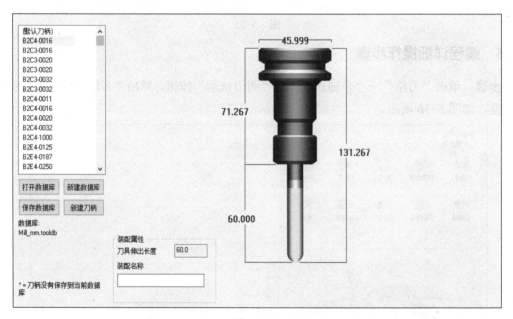

图 5-38

3)切削方式:在"选择图形"选项组中,单击 (选取沿边几何图形)按钮,如图中箭头所指选取几何图形。勾选"底面几何图形"复选按钮,单击 (选取底面几何图形)按钮,如图中箭头所指选取几何图形。勾选"引导曲线"复选按钮,单击 (选取上轨道)按钮,如图中箭头所指选取几何图形;单击 (选取下轨道)按钮,如图中箭头所指选取几何图形。在"加工"选项组中,"方向"选择"WCS";在"起始点"选项组中,"类型"选择"指定点",单击 (选取指定点)按钮,如图中箭头所指选取指定点。在"曲面质量"选项组中,"切削公差"为"0.005"，勾选"最大距离"复选按钮，其值为"0.2"，其他默认即可（图5-39）。

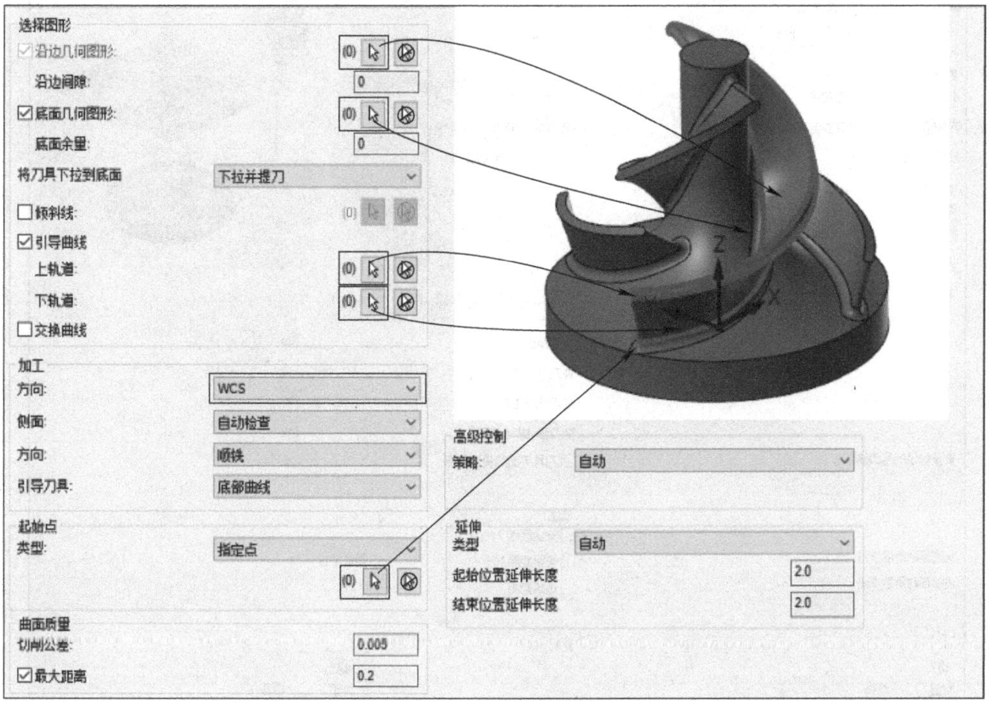

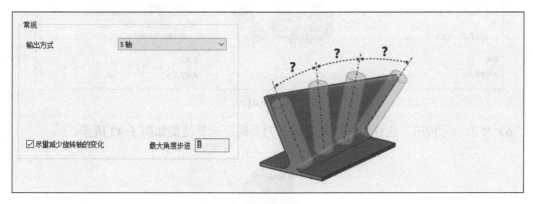

图　5-39

4）刀轴控制：在"常规"选项组中，"输出方式"选择"5 轴"，勾选"尽量减少旋转轴的变化"复选按钮，"最大角度步进"为"1"（图5-40）。

图　5-40

5）连接方式：在"进 / 退刀"选项组中，"开始点"选择"使用切入"，"结束点"选择"使用切出"，在"安全区域"选项组中，"类型"为"圆柱"，"方向"为"Z 轴"，"轴心"为"自动"，"半径"为"用户定义"，其值为"200"（图5-41）。

在"切入"选项组中，"类型"选择"切弧"，"刀轴方向"选择"固定"，"圆弧扫描角度"为"90"，"圆弧直径 / 刀具直径 %"为"100"，"高度"为"2"，"进给速率 %"为"100"。"切出"选项组的参数设置同上。

进/退刀			
开始点	从安全高度	使用切入	
结束点	返回安全高度	使用切出	
	☐从原点位置进刀	原点位置	
	☐到原点提刀		
默认连接			
小间隙	平滑曲线	不使用切入/切出	
大间隙	返回安全高度	不使用切入/切出	
分界值大小	0 ⦿在刀具直径 %	0 ◯附加值	

安全区域
类型　圆柱
方向　Z轴
轴心　自动
半径　用户定义　200

距离
快速距离　20
进刀进给距离　10
退刀进给距离　10
空刀移动安全距离　10
☐刀具平面的快速距离

安全区域的高级选项

快速移动角度步进　5
进给移动角度步进　5

修圆
☐安全区域
☐快速距离　圆弧半径　0
☐进给距离

<<　复制　>>

切入
类型　切弧
☐方向切换
刀轴方向　固定
◯宽度　20　长度　20
⦿圆弧扫描角度　90
圆弧直径/刀具直径 %　100
高度　2
进给速率 %　100

切出
类型　切弧
☐方向切换
刀轴方向　固定
◯宽度　20　长度　20
⦿圆弧扫描角度　90
圆弧直径/刀具直径 %　100
高度　2
进给速率 %　100

图　5-41

6）单击 ☑ 按钮，执行刀具路径运算，刀具路径运算结果如图 5-42 所示。

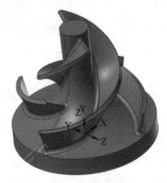

图　5-42

5.5　多轴加工 - 高级旋转策略

5.5.1　多轴加工 - 高级旋转策略演示模型

多轴加工 - 高级旋转策略演示模型如图 5-43 所示。本节主要介绍多轴加工 - 高级旋转命令的使用，并使用实体模型进行刀路的编制。

图　5-43

5.5.2　工艺方案

多轴加工 - 高级旋转策略演示模型的加工工艺方案见表 5-5。

表　5-5

工 序 号	加 工 内 容	加 工 方 式	机　床	刀　具
1	粗加工	多轴加工 - 高级旋转	五轴机床	ϕ8mm 球刀

此类零件装夹比较简单，利用自定心卡盘夹持即可。

5.5.3　准备加工模型

打开 Mastercam 2022 软件，进入主界面，打开模型，步骤如下：单击"文件"→"打开"→"模型"，选择文件，单击"打开"按钮，如图 5-44 所示。

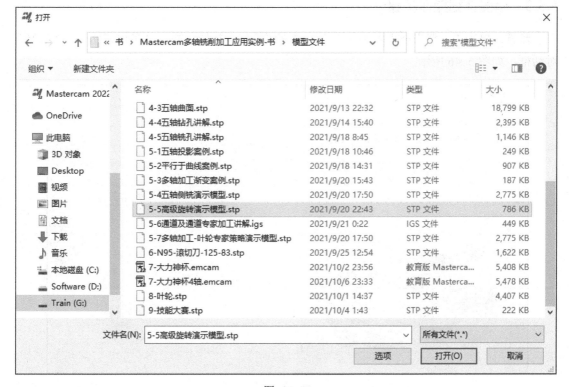

图　5-44

5.5.4 机床选择

在"机床"选项卡中选择"铣床"→"管理列表"→选择"GENERIC HAAS ES-5 5X HMC MILL MM.mcam-mmd"，单击"添加"→ ✓ 按钮，选择"GENERIC HAAS ES-5 5X HMC MILL MM.mcam-mmd"进行定义，如图 5-45 所示。

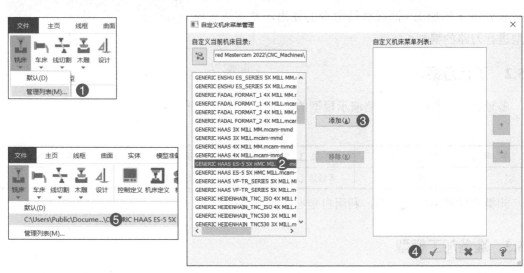

图 5-45

5.5.5 编程详细操作步骤

步骤：单击"刀路"→"多轴加工"→"高级旋转"按钮，弹出"多轴刀路 - 高级旋转"对话框，如图 5-46 所示。

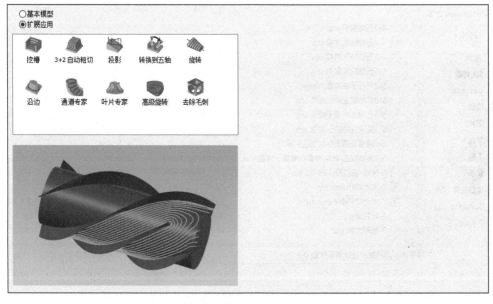

图 5-46

需要设定的参数如下：

1）刀具：新建φ8mm球刀，"主轴转速"为"4500"，"进给速率"为"2500.0"，"下刀速率"为"2000.0"，勾选"快速提刀"复选按钮（图5-47）。

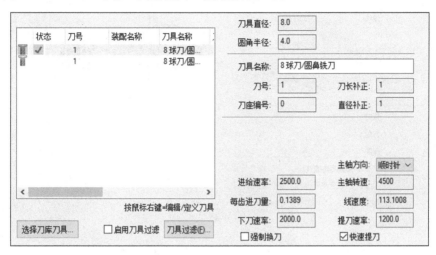

图 5-47

2）刀柄：选用"B2C4-0016"，"刀具伸出长度"为"40.0"（图5-48）。

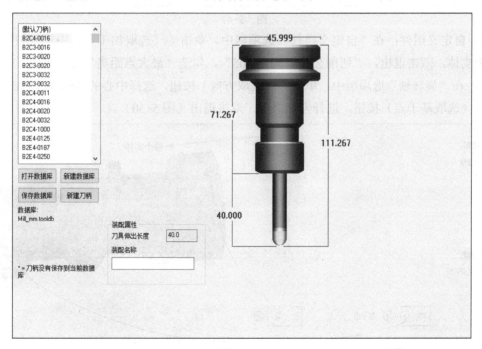

图 5-48

3）切削方式：在"操作"选项组中，"加工"选择"粗切"，"分层模式"选择"固定半径"，"类型"选择"偏移"。在"排序"选项组中，"切削方式"选择"双向"，"啮合"选择"方向1"，"加工排序"选择"深度"。"深度切削步进"选择"固定深度步进"，"距离"为"5"。"切削间距（直径）"中"最大步进量"为"3"（图5-49）。

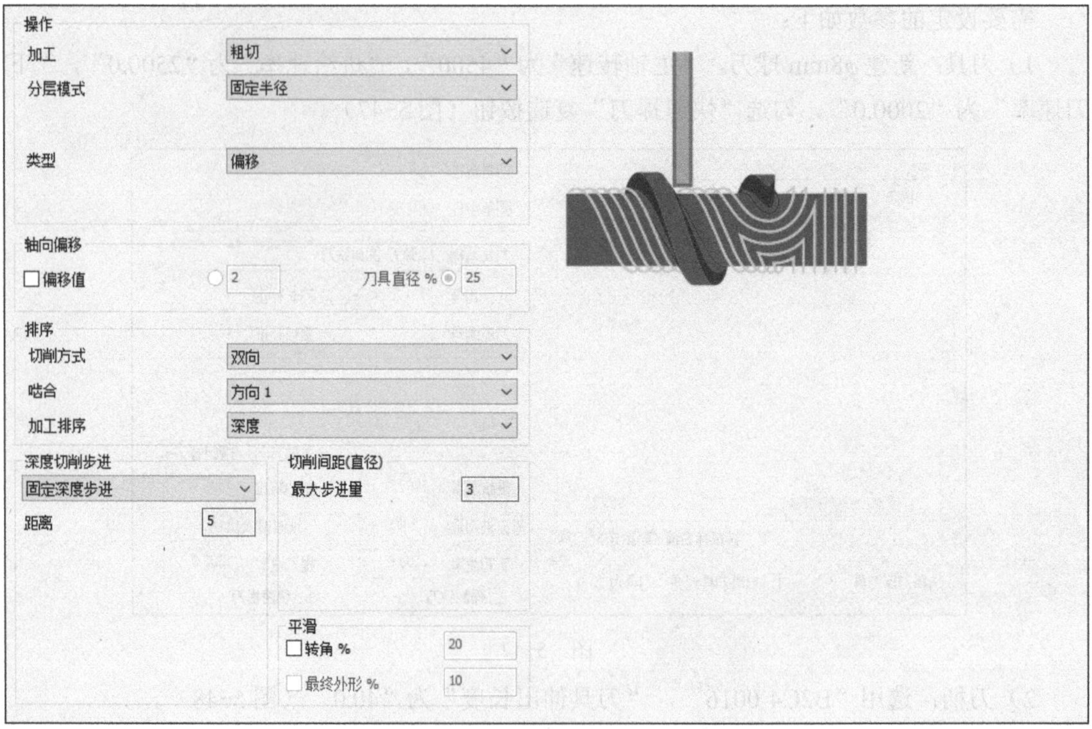

操作
加工
粗切
分层模式
固定半径
类型
偏移
轴向偏移
偏移值
2
刀具直径 %
25
排序
切削方式
双向
啮合
方向 1
加工排序
深度
深度切削步进
固定深度步进
距离
5
切削间距(直径)
最大步进量
3
平滑
转角 %
20
最终外形 %
10

图 5-49

4）自定义组件：在“自定义组件”选项组中，单击 （选取加工几何图形）按钮，选择整个实体，双击退出，“切削公差”为“0.05”，勾选“最大点距离”复选按钮，其值为“0.5”。在“旋转轴”选项组中，单击 （选取方向）按钮，选择中心的辅助线，双击退出。单击 （选取基于点）按钮，选择坐标原点，双击退出（图 5-50）。

自定义组件
加工几何图形
(0)
整个实体
毛坯预留量
0
Y
Z
X
Z
切削公差
0.05
最大点距离
0.5
最大角度步进量
3
旋转轴
方向
(0)
基于点
(0)
加工范围
依照区域
全部选择的图形
用户限制
起始
结束
轴向
0
100
径向
0
100

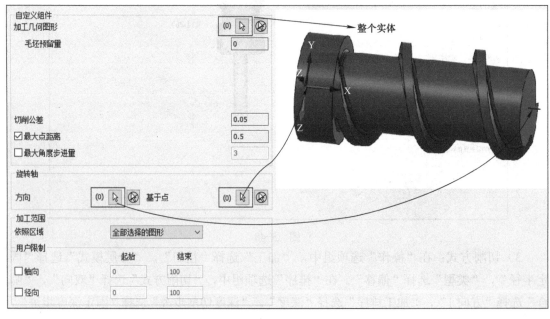

图 5-50

5）单击  按钮，执行刀具路径运算，刀具路径运算结果如图 5-51 所示。

图　5-51

5.6　多轴加工 - 通道及通道专家策略

5.6.1　多轴加工 - 通道及通道专家策略演示模型

多轴加工 - 通道及通道专家策略演示模型如图 5-52 所示。本节主要介绍多轴加工 - 通道、多轴加工 - 通道专家命令的使用，并使用实体模型进行刀路的编制。

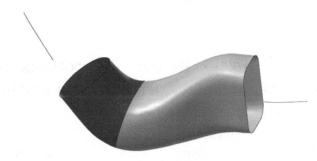

图　5-52

5.6.2　工艺方案

多轴加工 - 通道及通道专家策略演示模型的加工工艺方案见表 5-6。

表　5-6

工 序 号	加 工 内 容	加 工 方 式	机 床	刀 具
1	精加工 - 通道	多轴加工 - 通道	五轴机床	$\phi 12mm$ 球形刀具
2	精加工 - 通道专家	多轴加工 - 通道专家	五轴机床	$\phi 12mm$ 球形刀具

此类零件装夹需要做工装，利用工装夹持即可。

5.6.3　准备加工模型

打开 Mastercam 2022 软件，进入主界面，打开模型，步骤如下：单击"文件"→"打开"→"模型"，选择文件，单击"打开"按钮，如图 5-53 所示。

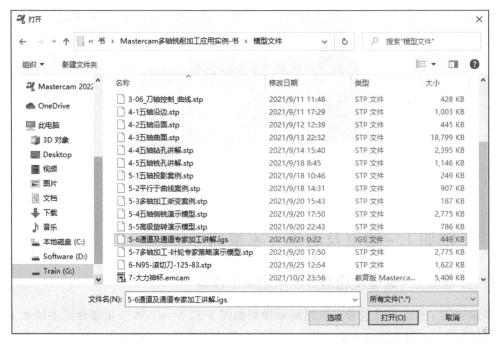

图 5-53

5.6.4 机床选择

在"机床"选项卡中选择"铣床"→"管理列表"→选择"GENERIC HAAS ES-5 5X HMC MILL MM.mcam-mmd"，单击"添加"→ ✓ 按钮，选择"GENERIC HAAS ES-5 5X HMC MILL MM.mcam-mmd"进行定义，如图 5-54 所示。

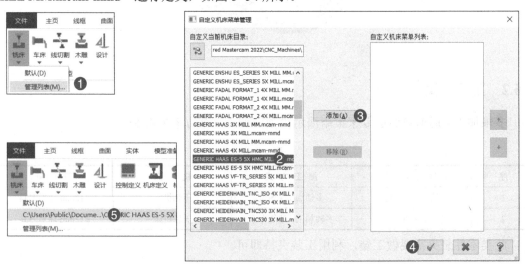

图 5-54

5.6.5 编程详细操作步骤

步骤： 单击"刀路"→"多轴加工"→"通道"按钮，弹出"多轴刀路 - 通道"对话框，如图 5-55 所示。

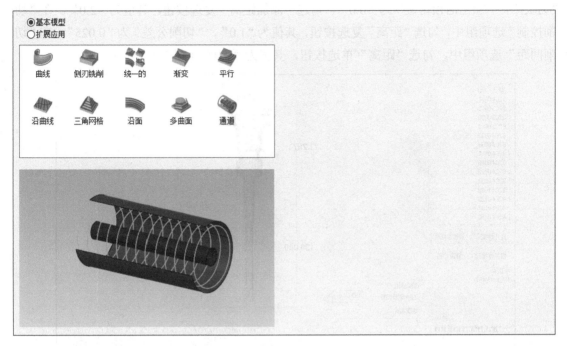

图　5-55

需要设定的参数如下：

1）刀具：新建 ϕ12mm 糖球形刀具，"主轴转速"为"4500"，"进给速率"为"2500.0"，"下刀速率"为"2000.0"，勾选"快速提刀"复选按钮（图 5-56）。

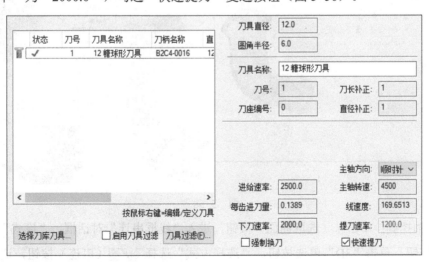

图　5-56

2）刀柄：选用"B2C4-0016"，"刀具伸出长度"为"130.0"（图 5-57）。

3）切削方式：单击 （选取曲面）按钮，选取要加工的曲面（图 5-58 中①），然后单击"结束选择"按钮，进入"曲面流线设置"对话框，适当调整参数并单击 按钮。"切削方向"

选择"螺旋","补正方式"选择"电脑","补正方向"选择"左","刀尖补正"选择"刀尖","加工面预留量"为"0.0",勾选"添加距离"复选按钮,其值为"2.0"。在"切削控制"选项组中,勾选"距离"复选按钮,其值为"1.0","切削公差"为"0.025"。在"切削间距"选项组中,勾选"距离"单选按钮,其值为"2.0"(图5-58)。

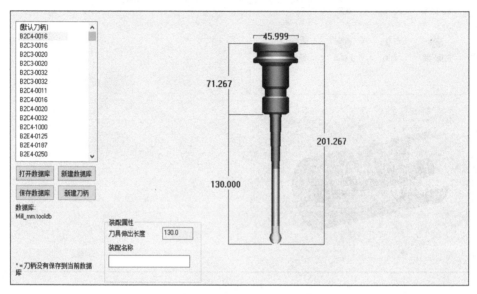

图 5-57

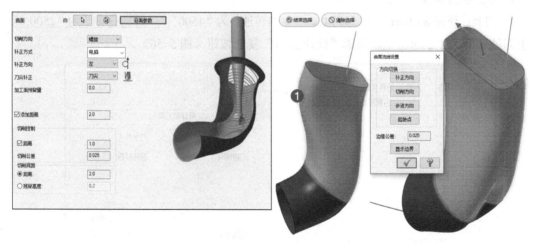

图 5-58

4)刀轴控制:单击⬚(选取曲面)按钮,进入"线框串连"对话框,"模式"选择⬚(线框)按钮,单击"3D"单选按钮,"选择方式"选择⬚(串连)按钮,选择刀轴控制曲线(图5-59中①),然后单击⬚按钮,进入"串连选项"对话框,勾选"每个路径一次步进"单选按钮,然后单击⬚按钮,返回"多轴刀路-通道"对话框。"输出方式"选择"5轴","轴旋转于"选择"X轴",设置"前倾角"为"0.0","侧倾角"为"0.0","刀具向量长度"为"25.0"(图5-59)。

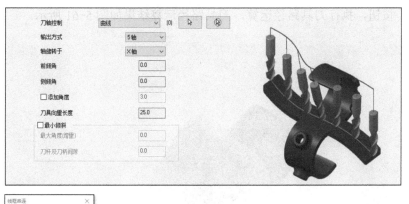

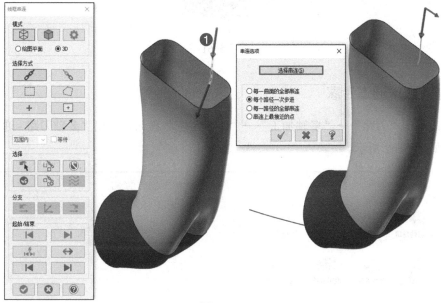

图 5-59

5）共同参数：勾选"安全高度 …"复选按钮，其值为"100.0"增量坐标；勾选"参考高度 …"复选按钮，其值为"10.0"增量坐标；"下刀位置 …"为"2.0"增量坐标；在"两刀具切削间隙保持在"选项组中，设置"刀具直径 %"为"300.0"（图 5-60）。

图 5-60

6）单击  按钮，执行刀具路径运算，刀具路径运算结果如图 5-61 所示。

图　5-61

5.6.6　精加工 - 通道专家

步骤：单击"刀路"→"多轴加工"→"通道专家"按钮，弹出"多轴刀路 - 通道专家"对话框，如图 5-62 所示。

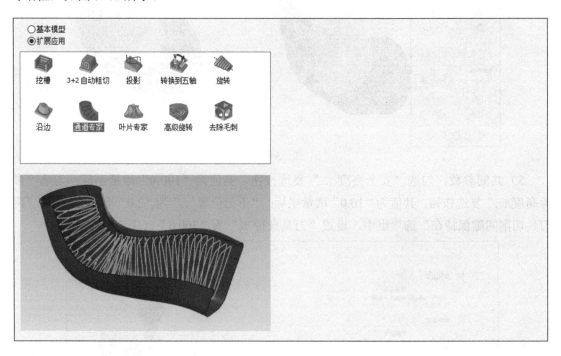

图　5-62

需要设定的参数如下：

1）刀具：新建 ϕ12mm 糖球形刀具，"主轴转速"为"4500"，"进给速率"为"2500.0"，"下刀速率"为"2000.0"，勾选"快速提刀"复选按钮（图 5-63）。

2）刀柄：选用"B2C4-0016"，"刀具伸出长度"为"130.0"（图 5-64）。

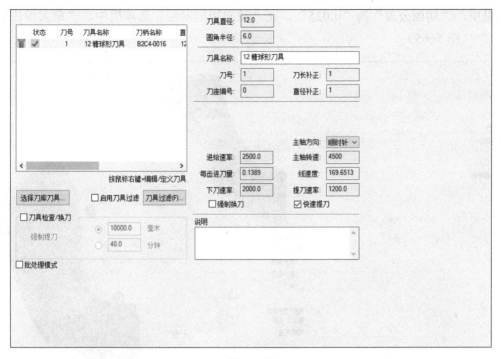

图 5-63

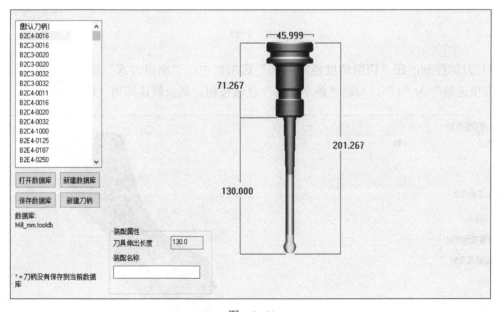

图 5-64

3）切削方式："模式"选择"环绕精修"，单击 按钮（选取加工几何图形）按钮，选取要加工的曲面（图 5-65 中①、②），然后单击"结束选择"按钮。"补正"为"0"，勾选"自动生成中轴"复选按钮。在"区域"选项组中，"输出类型"选择"两者"，"加工到"选择"中点"。在"排序"选项组中，"加工方向"选择"顺铣"。在"曲面质量"

选项组中，"切削公差"为"0.025"。在"径向切削间距"选项组中，"最大步进量"为"1"（图5-65）。

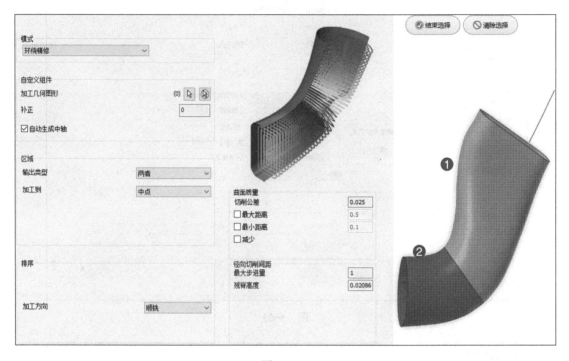

图 5-65

4）刀轴控制：在"切削角度范围限制"选项组中，"输出方式"选择"5轴"，"最大角度步进量"为"1"，勾选"最小倾斜"复选按钮，其余默认即可（图5-66）。

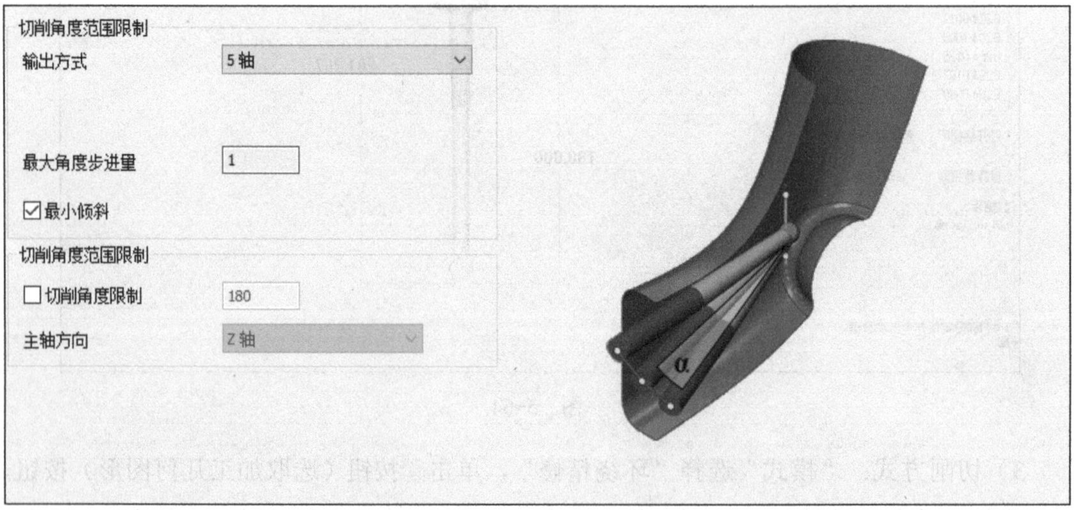

图 5-66

5）单击 ✓ 按钮，执行刀具路径运算，刀具路径运算结果如图5-67所示。

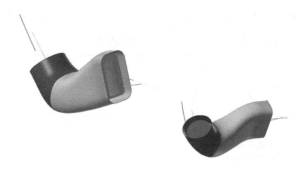

图　5-67

5.7　多轴加工 - 叶片专家策略

5.7.1　多轴加工 - 叶片专家策略演示模型

多轴加工 - 叶片专家策略演示模型如图 5-68 所示。本节主要介绍多轴加工 - 叶片专家命令的使用，并使用实体模型进行刀路的编制。

图　5-68

5.7.2　工艺方案

多轴加工 - 叶片专家策略演示模型的加工工艺方案见表 5-7。

表　5-7

工 序 号	加 工 内 容	加 工 方 式	机 床	刀 具
1	粗加工	多轴加工 - 叶片专家	五轴机床	ϕ8mm 锥度铣刀

此类零件装夹比较简单，利用自定心卡盘夹持即可。

5.7.3 准备加工模型

打开 Mastercam 2022 软件，进入主界面，打开模型，步骤如下：单击"文件"→"打开"→"模型"，选择文件，单击"打开"按钮，如图 5-69 所示。

图 5-69

5.7.4 机床选择

在"机床"选项卡中选择"铣床"→"管理列表"→选择"GENERIC HAAS ES-5 5X HMC MILL MM.mcam-mmd"，单击"添加"→ ✓ 按钮，选择"GENERIC HAAS ES-5 5X HMC MILL MM.mcam-mmd"进行定义，如图 5-70 所示。

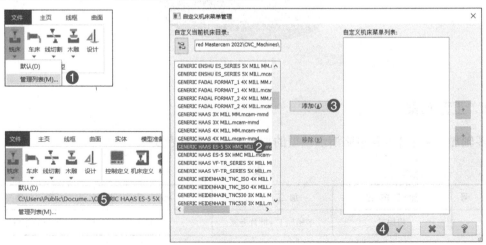

图 5-70

5.7.5 编程详细操作步骤

步骤：单击"刀路"→"多轴加工"→"叶片专家"按钮，弹出"多轴刀路 - 叶片专家"对话框，如图 5-71 所示。

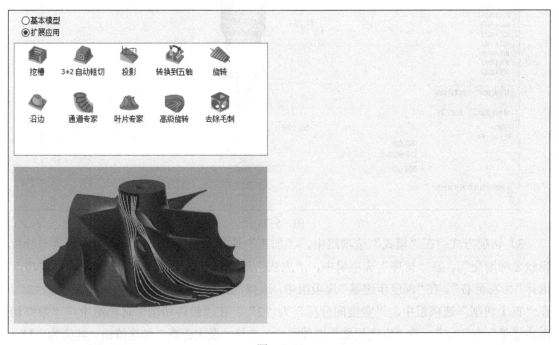

图　5-71

需要设定的参数如下：

1）刀具：新建 ϕ8mm 锥度铣刀，"主轴转速"为"4500"，"进给速率"为"2500.0"，"下刀速率"为"2000.0"，勾选"快速提刀"复选按钮（图 5-72）。

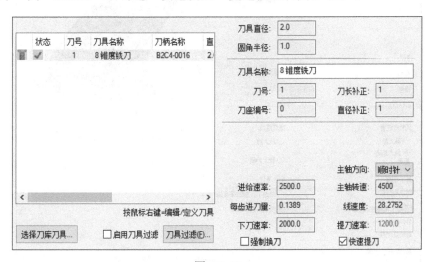

图　5-72

2）刀柄：选用"B2C4-0016"，"刀具伸出长度"为"50.0"（图 5-73）。

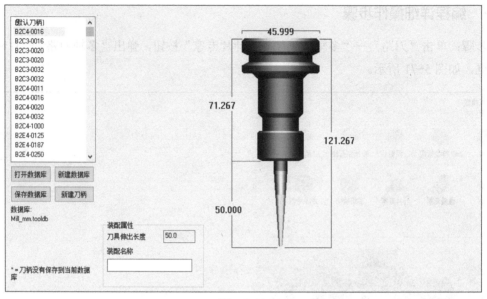

图 5-73

3）切削方式：在"模式"选项组中，"加工"选择"粗切"，"策略"选择"与叶片轮毂之间渐变"。在"排序"选项组中，"方式"选择"双向 - 由前边缘开始"，"排序"选择"由左至右"。在"深度步进量"选项组中，选择"最大距离"单选按钮，"距离"为"2"。在"首个切削"选项组中，"宽度间分层"为"2"。在"最终切削"选项组中，"最终切削步进量"为"2.5"。在"宽度层数"选项组中，选择"最大距离"单选按钮，其值为"3"。在"剩余毛坯"选项组中，选择"粗切所有深度层"单选按钮（图 5-74）。

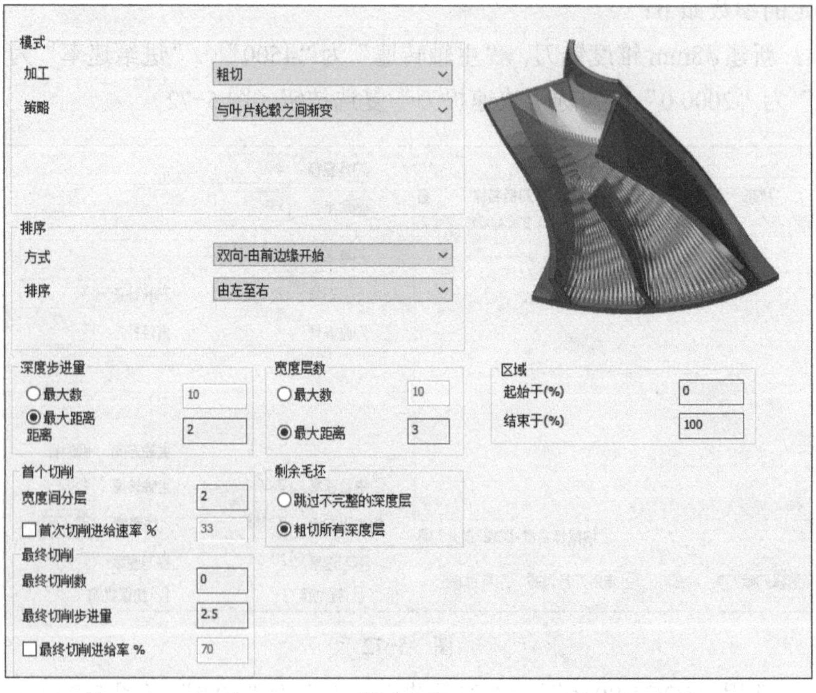

图 5-74

4）自定义组件：在"自定义组件"选项组中，单击 🔲（选取叶片分流圆角）按钮，选取要加工的一组叶片，然后单击"结束选择"按钮，"毛坯预留量"为"0.2"。在"轮毂"选项组中，单击 🔲（选取轮毂）按钮，选取要加工的轮毂，然后单击"结束选择"按钮，"毛坯预留量"为"0.2"。在"叶片"选项组中，单击 🔲（选取叶片）按钮，选取要加工的轮毂，然后单击"结束选择"按钮，"起始补正"为"0.0"，"旋转轴"选择"自动"，"区段"为"1.0"。在"区段"选项组中，"加工"选择"指定数量"，其值为"1.0"（这里只加工一组叶片用来演示），其他默认即可（图 5-75）。

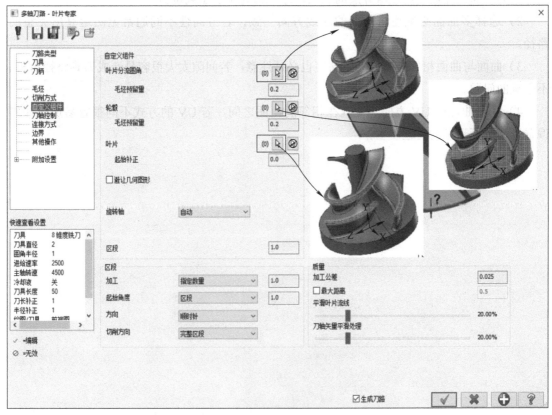

图　5-75

5）单击 ✓ 按钮，执行刀具路径运算，刀具路径运算结果如图 5-76 所示。

图　5-76

5.8 工程师经验点评

（1）多轴加工 - 渐变策略   当选择使用渐变策略时，"从模型"与"到模型"的曲线方向须一致，若方向不一致将导致刀路依对应角做交叉错乱轨迹运算。

（2）多轴加工 - 侧刃铣削策略   当选择使用侧刃铣削策略时，注意事项如下：

1）曲面需为拉伸直的曲面，当使用刀具的侧刃做加工时，才能达到较高的效率。若非拉伸直的曲面，建议使用倾斜分层的加工，才能够完全加工到位。

2）选择多曲面必须注意曲面的法线方向一致，若方向性不同通常无法运算出完整的路径。

3）曲面与曲面相邻之间的间隙精度也必须注意，若间隙太大很容易造成刀具路径弯折、不平顺的问题。

4）注意曲面的 UV 方向，尤其在相邻的曲面之间，若 UV 的方式不同很容易造成倾斜偏置过大或不平顺的问题发生。

6.1　基本设定

6.1.1　N95 口罩刀模模型

　　N95 口罩刀模模型如图 6-1 所示。本节主要介绍 2D 动态铣削、2D 区域、2D 外形、多轴加工 - 高级旋转命令的使用，并使用实体模型进行刀路的编制。

图 6-1　N95 口罩刀模模型

6.1.2　工艺方案

　　N95 口罩刀模模型的加工工艺方案见表 6-1。

表　6-1

工 序 号	加 工 内 容	加 工 方 式	机 床	刀 具
1	四轴粗加工外区域	2D 动态铣削	四轴机床	ϕ8mm 平铣刀
2	四轴粗加工内区域	2D 动态铣削	四轴机床	ϕ4mm 平铣刀
3	四轴精加工内区域	2D 区域	四轴机床	ϕ8mm 平铣刀
4	四轴精加工外区域	2D 区域	四轴机床	ϕ4mm 平铣刀
5	四轴精加工内壁	2D 外形	四轴机床	ϕ4mm 平铣刀

　　此类零件装夹比较简单，利用虎钳夹持即可。

6.1.3　准备加工模型

　　打开 Mastercam 2022 软件，进入主界面，打开模型，步骤如下：单击"文件"→"打开"→"模型"，选择文件，单击"打开"按钮，如图 6-2 所示。

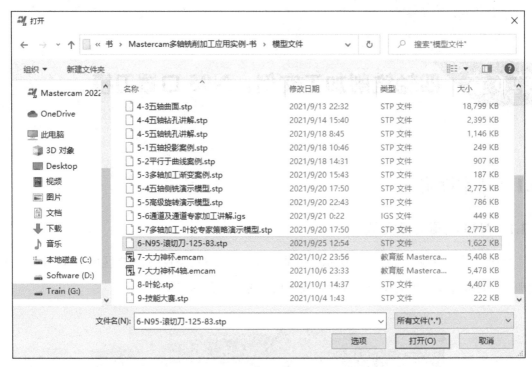

图 6-2

6.1.4 机床选择

在"机床"选项卡中选择"铣床"→"管理列表"→选择"MILL 4-AXIS VMC MM.mcam-mmd"，单击"添加"→ ☑ 按钮，选择"GENERIC HAAS 4X MILL MM.mcam-mmd"进行定义，如图 6-3 所示。

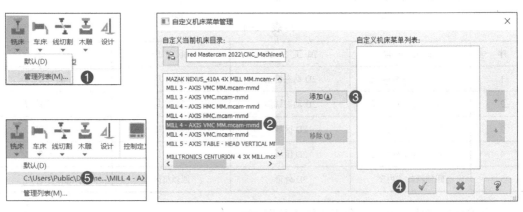

图 6-3

6.1.5 毛坯设定

层别：把 2 号层别的高亮取消，剩下图素如图 6-4 所示。

单击"刀路"→"机床群组"→"属性"→"毛坯设置"，进入"机床群组属性"对话框，在"毛坯设置"选项卡中，"形状"选择"圆柱体"，勾选"显示"复选按钮，单击"所有曲面"按钮，然后单击 ✓ 按钮（图 6-5）。

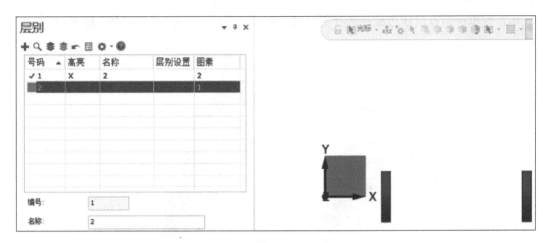

图　6-4

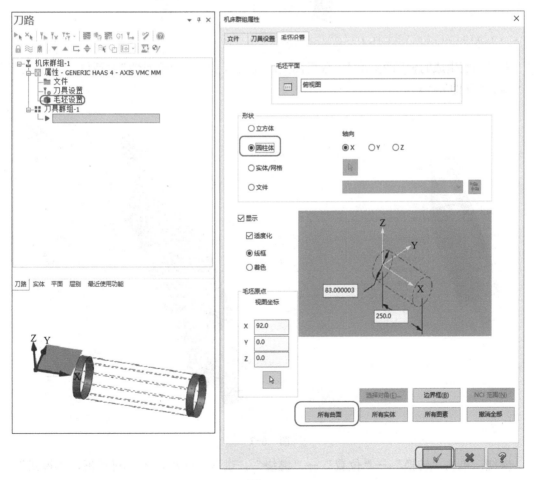

图　6-5

6.1.6 辅助线

1. 绘制外边形状辅助线

单击线框→所有曲线边缘→选择需要做辅助线的曲面，单击"结束选择"按钮（图6-6）。

图 6-6

右击刚刚生成的辅助线，单击"分析图素属性..."，弹出"圆弧属性"对话框，"圆弧直径"为"79.0"（图6-7）。

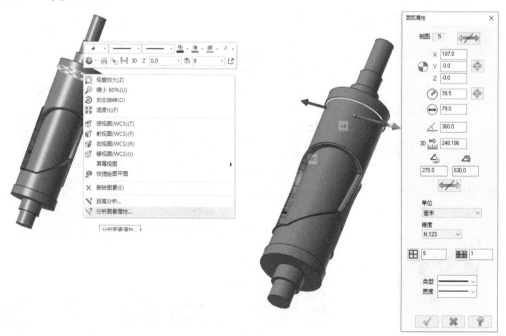

图 6-7

缠绕：单击"转换"→"位置"→"缠绕"，进入"线框串连"对话框，"模式"选择 ⊕（线框）按钮，单击"3D"单选按钮，"选择方式"选择 □（框选）按钮，框选要缠绕的线，然后单击✅按钮，进入缠绕参数界面：在"图素"选项组中，"方式"选择"复制"，"类型"选择"展开"；"直径"为"79.0"；在"定位"选项组中，"角度"为"90.0"，然后单击✅按钮（图6-8）。

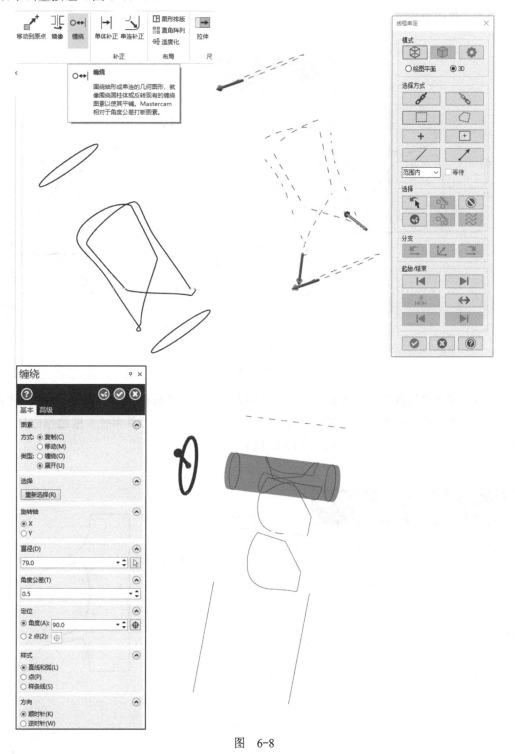

图 6-8

　　修改展开的图素，单击"转换"→"位置"→"平移"，选中图中元素，单击"结束选择"按钮，进入平移参数界面。在"基本"选项卡中，"图素"选项组中，"方式"选择"复制"，在"向量始于／止于"选项组中，单击"重新选择"按钮，始于箭头①起始点，止于箭头②起始点，单击 ⊘ 按钮（图6-9）。

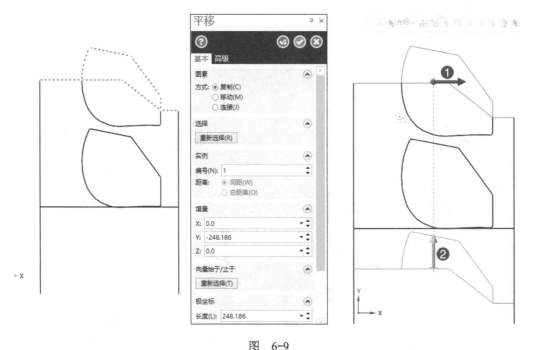

图　6-9

　　偏置：单击"线框"→"修剪"→"偏移图素"，进入"偏移图素"对话框：在"实例"选项组中，"编号"为"1"，"距离"为"4.4"（偏移不小于"刀具半径＋壁边预留量"），把修剪好的图素单独放到一个图层里（图6-10）。

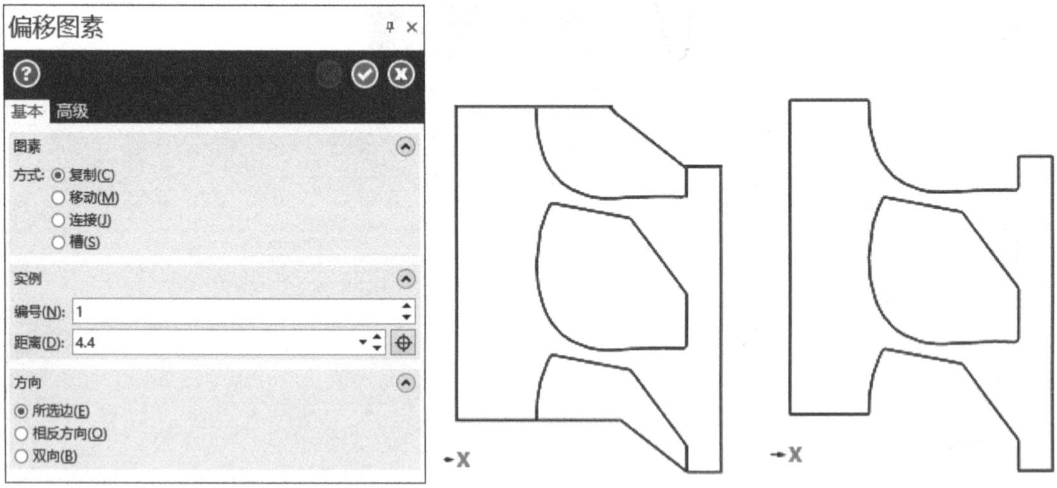

图　6-10

2. 绘制中间两个槽

单击线框→所有曲线边缘→选择需要做辅助线的曲面，单击"结束选择"按钮。

右击刚刚生成的部分辅助线，单击"分析图素属性 ..."，弹出"圆弧属性"对话框，"圆弧直径"为"67.0"（图 6-11）。

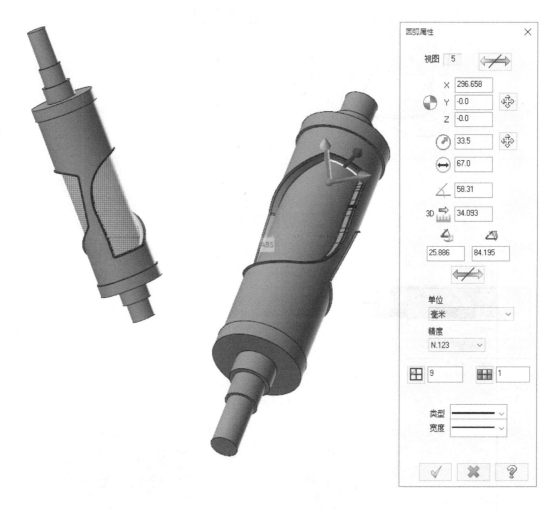

图　6-11

缠绕：单击"转换"→"位置"→"缠绕"，进入"线框串连"对话框，"模式"选择 ▦（线框）按钮，单击"3D"单选按钮，"选择方式"选择 ▢（框选）按钮，框选要缠绕的线，然后单击 ✅ 按钮，进入缠绕参数界面：在"图素"选项组中，"方式"选择"复制"，"类型"选择"展开"；"直径"为"67.0"；在"定位"选项组中，"角度"为"−90.0"，然后单击 ✅ 按钮。把展开的图素单独放到一个图层里（图 6-12）。

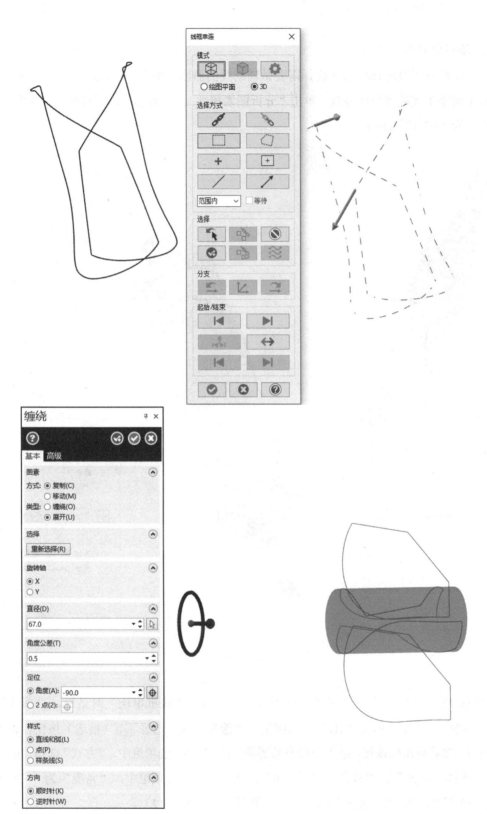

图 6-12

3. 绘制中间两个槽顶小面

单击线框→所有曲线边缘→选择需要做辅助线的曲面，单击"结束选择"按钮，在"实体边缘"选项组中，"保留环"选择"外侧"，然后单击✅按钮（图 6-13）。

右击刚刚生成的部分辅助线，单击"分析图素属性 ..."，弹出"圆弧属性"对话框，圆弧直径为"79.0"（图 6-14）。

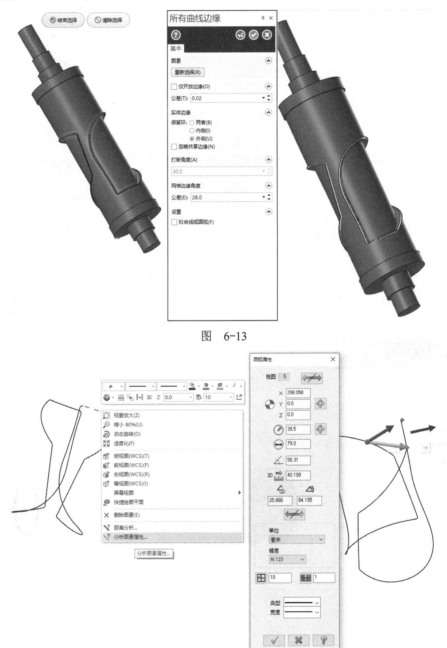

图　6-13

图　6-14

缠绕：单击"转换"→"位置"→"缠绕"，进入"线框串连"对话框，"模式"选

择 ⊞（线框）按钮，单击"3D"单选按钮，"选择方式"选择 □（框选）按钮，框选
要缠绕的线，然后单击 ✓ 按钮，进入缠绕参数界面：在"图素"选项组中，"方式"选择
"复制"，"类型"选择"展开"；"直径"为"79.0"；在"定位"选项组中，"角度"
为"–90.0"，然后单击 ✓ 按钮。把原来的图素单独放在一个新图层里并隐藏（图 6-15）。

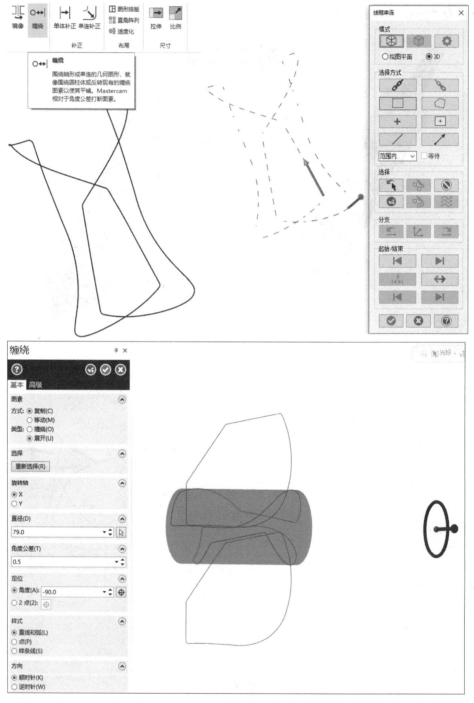

图 6-15

6.2　编程详细操作步骤

6.2.1　四轴粗加工外区域

步骤：单击"刀路"→"2D"→"动态铣削"，弹出"串连选项"对话框，选择加工范围，进入"线框串连"对话框："模式"选择 ⬡（线框）按钮，单击"3D"单选按钮，"选择方式"选择 🔗（串连）按钮，选择外侧线（图 6-16a），单击 ✅ 按钮，返回"串连选项"对话框，选择避让范围，进入"线框串连"对话框："模式"选择 ⬡（线框）按钮，单击"3D"单选按钮，"选择方式"选择 🔗（串连）按钮，选择内轮廓（图 6-16b），单击 ✅ 按钮。

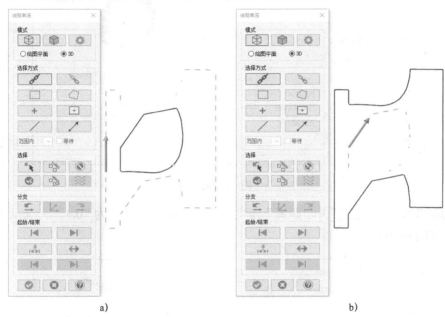

a)　　　　　　　　　　　　　　b)

图　6-16

需要设定的参数如下：

1）刀具：新建 ϕ8mm 平铣刀，"主轴转速"为"4500"，"进给速率"为"2000.0"，"下刀速率"为"2000.0"，勾选"快速提刀"复选按钮（图 6-17）。

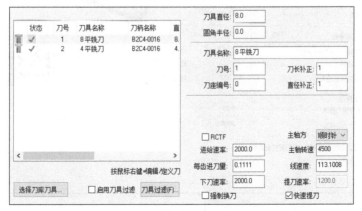

图　6-17

2）刀柄：选用"B2C4-0016"，"刀具伸出长度"为"30.0"（图6-18）。

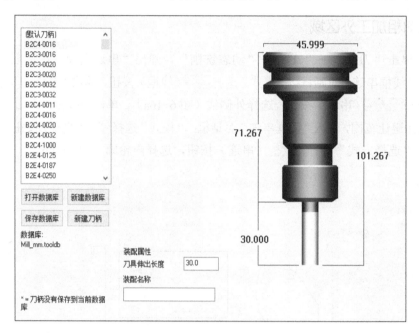

图　6-18

3）切削参数："步进量"中"距离"为"1.5"，"壁边预留量"为"0.4"，"底面预留量"为"0.2"（图6-19）。

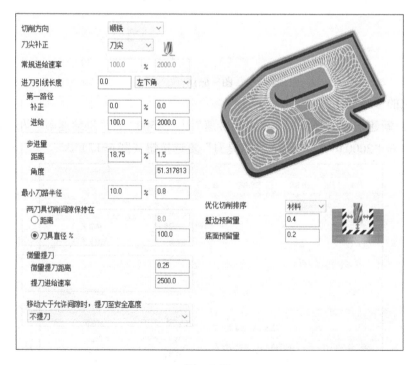

图　6-19

4）切削参数（进刀方式）："进刀方式"选择"单一螺旋"，"螺旋半径"为"3.6"，"Z 间距"为"2.0"，"进刀角度"为"2.0"（图 6-20）。

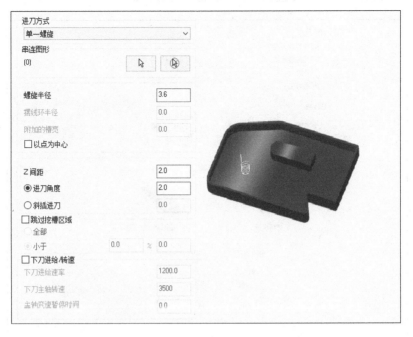

图　6-20

5）共同参数：勾选"安全高度 …"复选按钮，其值为"80.0"，勾选"绝对坐标"单选按钮；"下刀位置 …"为"3.0"，勾选"增量坐标"单选按钮；"毛坯顶部 …"为"5.0"，勾选"增量坐标"单选按钮；"深度 …"为"0.0"，勾选"增量坐标"单选按钮（图 6-21）。

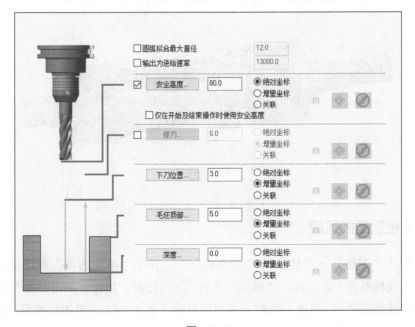

图　6-21

6）轴控制："旋转方式"选择"替换轴"，"替换轴"选择"替换 Y 轴"，"旋转轴方向"选择"顺时针"，"旋转直径"为"79.0"（图 6-22）。

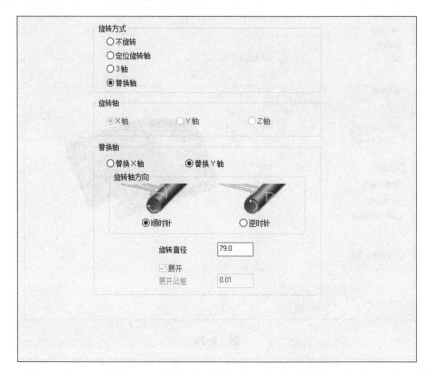

图　6-22

7）单击 ✓ 按钮，执行刀具路径运算，刀具路径运算结果如图 6-23 所示。

图　6-23

6.2.2　四轴粗加工内区域

步骤：单击"刀路"→"2D"→"动态铣削"，弹出"串连选项"对话框，选择加工范围，进入"线框串连"对话框："模式"选择 ▦ （线框）按钮，单击"3D"单选按钮，"选择方式"选择 🔗 （串连）按钮，选择辅助线（图 6-24），单击 ⊘ 按钮，返回"串连选项"对话框，单击 ⊘ 按钮。

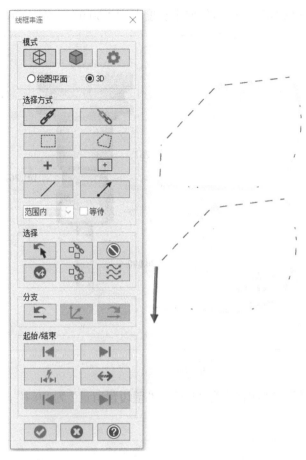

图　6-24

需要设定的参数如下：

1）刀具：新建 ϕ8mm 平铣刀，"主轴转速"为"4500"，"进给速率"为"2000.0"，"下刀速率"为"2000.0"，勾选"快速提刀"复选按钮（图 6-25）。

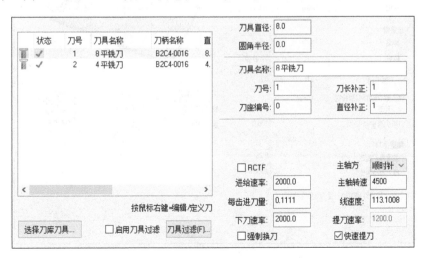

图　6-25

2）刀柄：选用"B2C4-0016"，"刀具伸出长度"为"30.0"（图 6-26）。

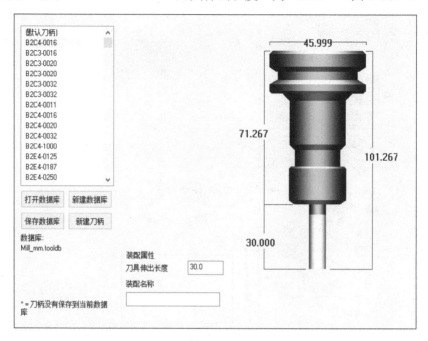

图 6-26

3）切削参数："步进量"中"距离"为"1.5"，"壁边预留量"为"0.4"，"底面预留量"为"0.2"（图 6-27）。

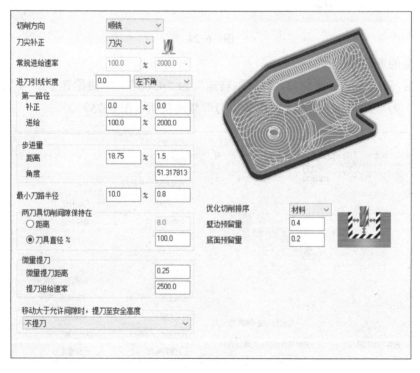

图 6-27

4）切削参数（进刀方式）："进刀方式"选择"单一螺旋"，"螺旋半径"为"3.6"，"Z 间距"为"2.0"，"进刀角度"为"2.0"（图 6-28）。

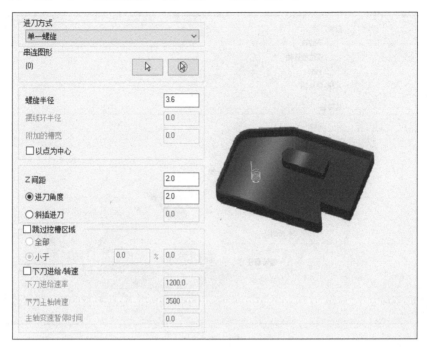

图　6-28

5）共同参数：勾选"安全高度 ..."复选按钮，其值为"80.0"，勾选"绝对坐标"单选按钮；"下刀位置 ..."为"3.0"，勾选"增量坐标"单选按钮；"毛坯顶部 ..."为"7.0"，勾选"增量坐标"单选按钮；"深度 ..."为"0.0"，勾选"增量坐标"单选按钮（图6-29）。

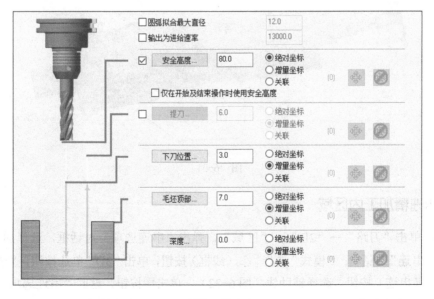

图　6-29

6）轴控制："旋转方式"选择"替换轴"，"替换轴"选择"替换 Y 轴"，"旋转轴方向"选择"顺时针"，"旋转直径"为"67.0"（图 6-30）。

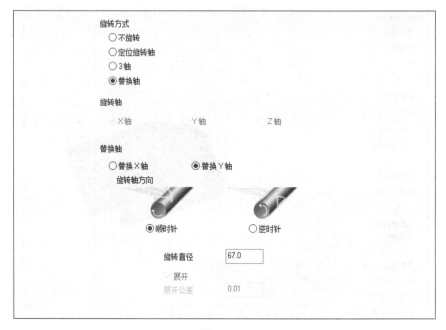

图　6-30

7）单击　　按钮，执行刀具路径运算，刀具路径运算结果如图 6-31 所示。

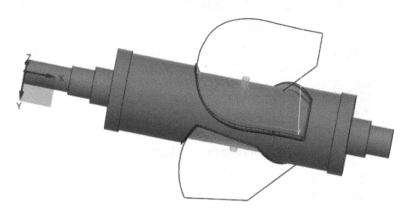

图　6-31

6.2.3　四轴精加工内区域

步骤：单击"刀路"→"2D"→"区域"，弹出"串连选项"对话框，选择加工范围，进入"线框串连"对话框："模式"选择 ⊕ （线框）按钮，单击"3D"单选按钮，"选择方式"选择 ∅ （串连）按钮，选择辅助线（图 6-32），单击 ✓ 按钮，返回"串连选项"对话框，在"加工区域策略"选项组中，选择"封闭"单选按钮，单击 ✓ 按钮。

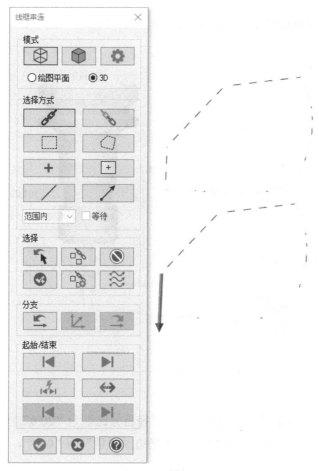

图　6-32

需要设定的参数如下：

1）刀具：新建 ϕ4mm 平铣刀，"主轴转速"为"6500"，"进给速率"为"1500.0"，"下刀速率"为"1000.0"，勾选"快速提刀"复选按钮（图6-33）。

图　6-33

2）刀柄：选用"B2C4-0016"，"刀具伸出长度"为"30.0"（图6-34）。

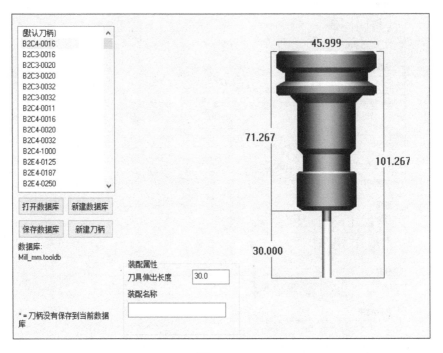

图 6-34

3）切削参数：在"XY步进量"选项组中，"直径百分比"为"20.0"（实际加工时按要求更改，四轴一般XY步进量最大为0.1）"，"壁边预留量"为"0.0"，"底面预留量"为"0.0"（图6-35）。

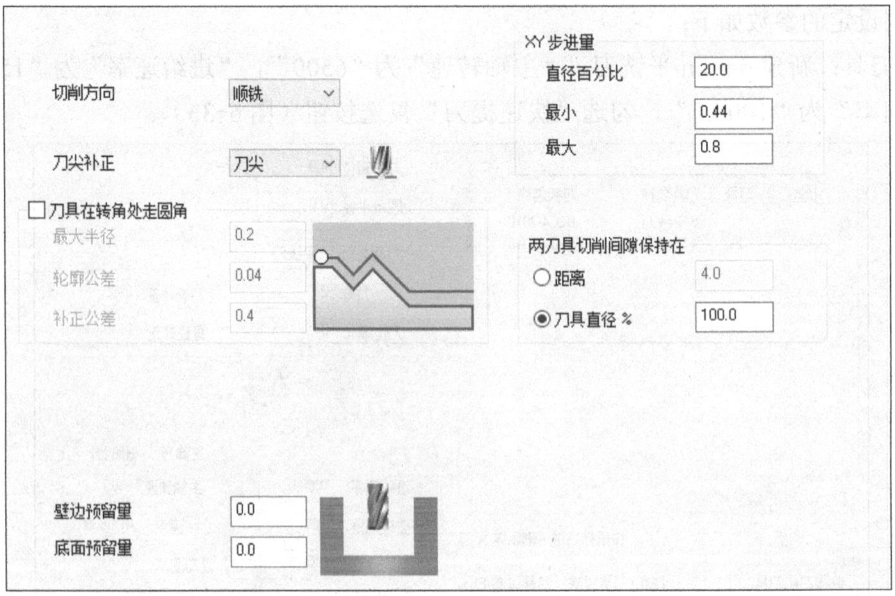

图 6-35

4）切削参数（进刀方式）："进刀方式"选择"螺旋进刀"，"半径"为"1.8"，"进刀使用的进给"选择"下刀速率"，"Z 高度"为"1.0"，"进刀角度"为"2.0"（图 6-36）。

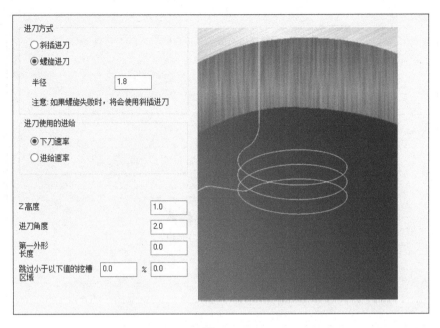

图 6-36

5）共同参数：勾选"安全高度 ..."复选按钮，其值为"50.0"，勾选"绝对坐标"单选按钮；"下刀位置 ..."为"3.0"，勾选"增量坐标"单选按钮；"毛坯顶部 ..."为"2.0"，勾选"增量坐标"单选按钮；"深度 ..."为"0.0"，勾选"增量坐标"单选按钮（图 6-37）。

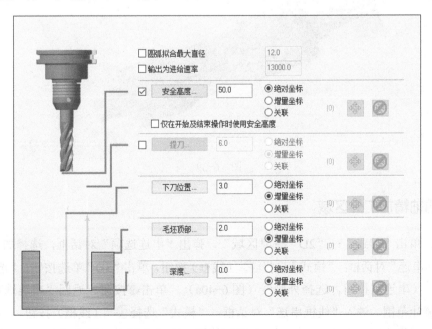

图　6-37

6）轴控制："旋转方式"选择"替换轴"，"替换轴"选择"替换 Y 轴"，"旋转轴方向"选择"顺时针"，"旋转直径"为"67.0"（图 6-38）。

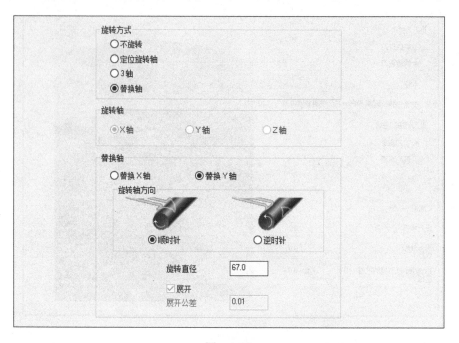

图　6-38

7）单击 ✅ 按钮，执行刀具路径运算，刀具路径运算结果如图 6-39 所示。

图　6-39

6.2.4 四轴精加工外区域

步骤：单击"刀路"→"2D"→"区域"，弹出"串连选项"对话框，选择加工范围，进入"线框串连"对话框："模式"选择 ⊞（线框）按钮，单击"3D"单选按钮，"选择方式"选择 🔗（串连）按钮，选择外侧线（图 6-40a），单击 ✅ 按钮，返回"串连选项"对话框。选择避让范围，进入"线框串连"对话框："模式"选择 ⊞（线框）按钮，单击"3D"单选按钮，"选择方式"选择 🔗（串连）按钮，选择内轮廓（图 6-40b），单击 ✅ 按钮。

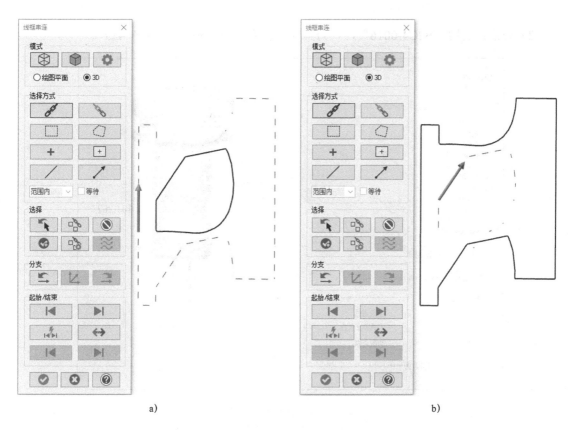

a)   b)

图 6-40

需要设定的参数如下：

1）刀具：新建 ϕ8mm 平铣刀，"主轴转速"为"4500"，"进给速率"为"2000.0"，"下刀速率"为"2000.0"，勾选"快速提刀"复选按钮（图 6-41）。

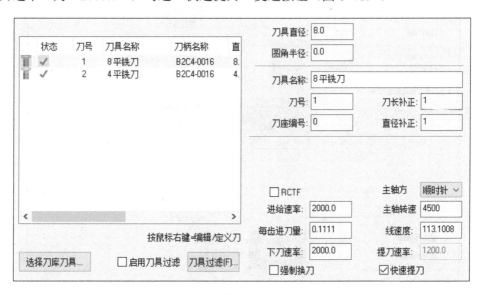

图 6-41

2）刀柄：选用"B2C4-0016"，"刀具伸出长度"为"30.0"（图6-42）。

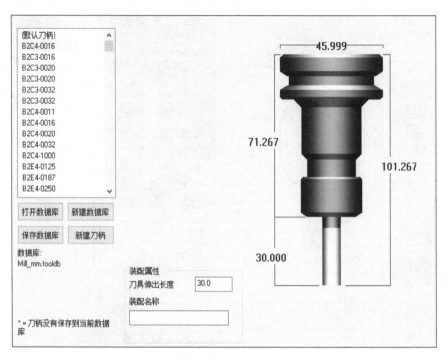

图　6-42

3）切削参数：在"XY步进量"选项组中，"直径百分比"为"20.0"（实际加工时按要求更改，四轴一般XY步进量最大为0.1）"，"壁边预留量"为"0.0"，"底面预留量"为"0.0"（图6-43）。

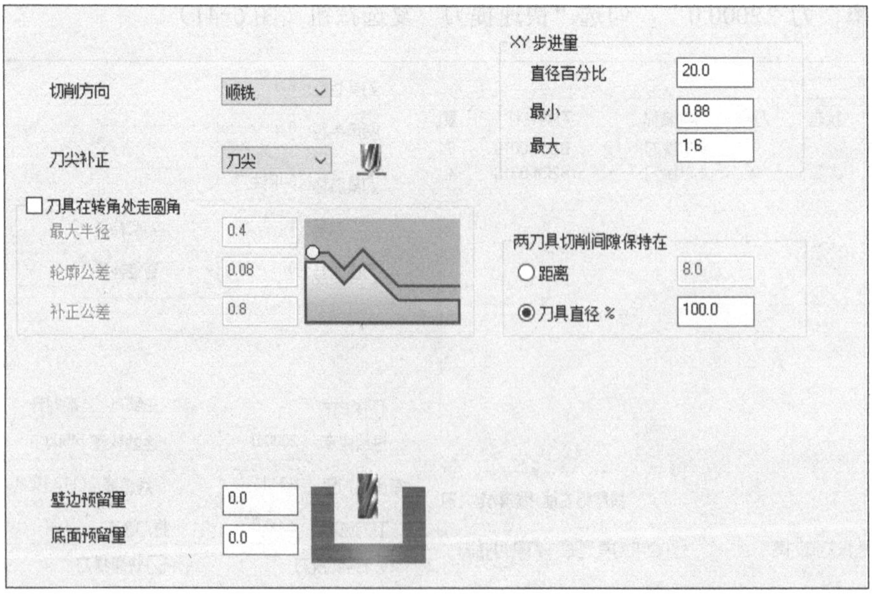

图　6-43

4）切削参数（进刀方式）："进刀方式"选择"螺旋进刀"，"半径"为"3.8"，"进刀使用的进给"选择"下刀速率"，"Z 高度"为"1.0"，"进刀角度"为"2.0"（图6-44）。

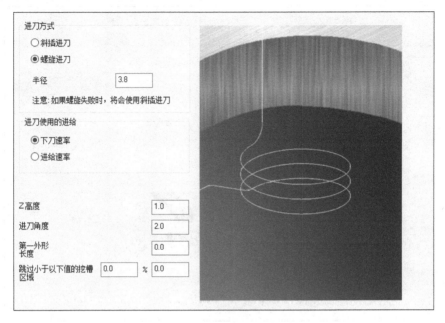

图　6-44

5）共同参数：勾选"安全高度 ..."复选按钮，其值为"50.0"，勾选"绝对坐标"单选按钮；"下刀位置 ..."为"3.0"，勾选"增量坐标"单选按钮；"毛坯顶部 ..."为"2.0"，勾选"增量坐标"单选按钮；"深度 ..."为"0.0"，勾选"增量坐标"单选按钮（图6-45）。

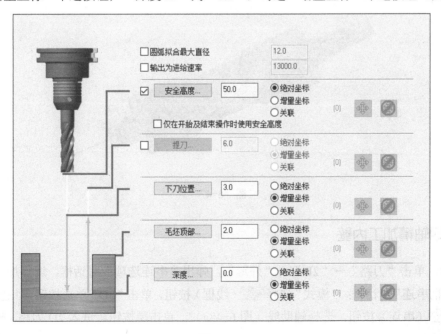

图　6-45

6）轴控制："旋转方式"选择"替换轴"，"替换轴"选择"替换 Y 轴"，"旋转轴方向"选择"顺时针"，"旋转直径"为"79.0"（图 6-46）。

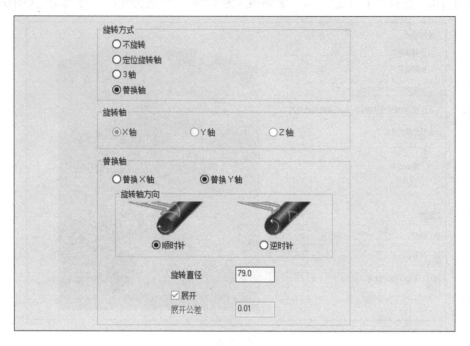

图 6-46

7）单击 ✓ 按钮，执行刀具路径运算，刀具路径运算结果如图 6-47 所示。

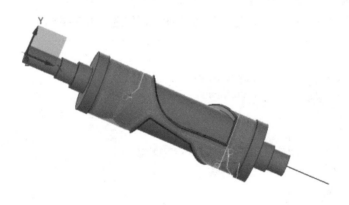

图 6-47

6.2.5 四轴精加工内壁

步骤：单击"刀路"→"2D"→"外形"，弹出"串连选项"对话框，选择加工范围，进入"线框串连"对话框："模式"选择 ⊞（线框）按钮，单击"3D"单选按钮，"选择方式"选择 ◢（串连）按钮，选择辅助线（图 6-48a），单击 ✅ 按钮，进入 2D 刀路 - 外形铣削（图 6-48b）。

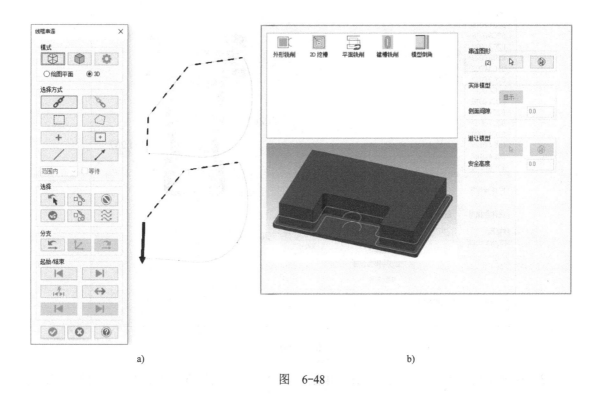

a)　　　　　　　　　　　　　　　　　　b)

图　6-48

需要设定的参数如下：

1）刀具：新建 ϕ4mm 平铣刀，"主轴转速"为"6500"，"进给速率"为"1500.0"，"下刀速率"为"1000.0"，勾选"快速提刀"复选按钮（图 6-49）。

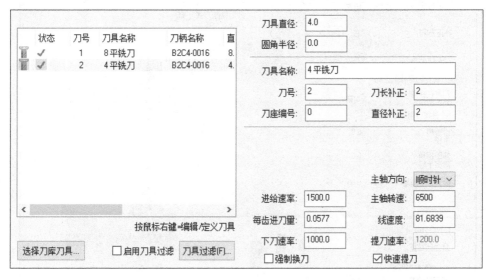

图　6-49

2）刀柄选用"B2C4-0016"，"刀具伸出长度"为"30.0"（图 6-50）。

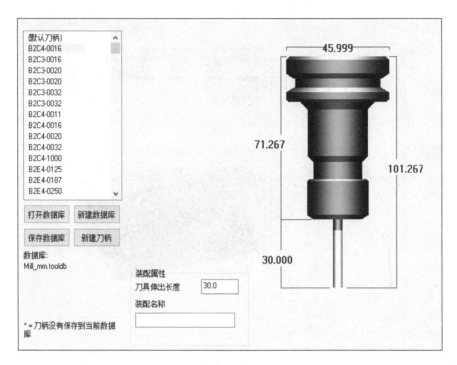

图　6-50

3）切削参数："补正方式"选择"电脑"，"补正方向"选择"右"，"刀尖补正"选择"刀尖"，"外形铣削方式"选择"2D"，"壁边预留量"为"0.0"，"底面预留量"为"0.0"（图 6-51）。

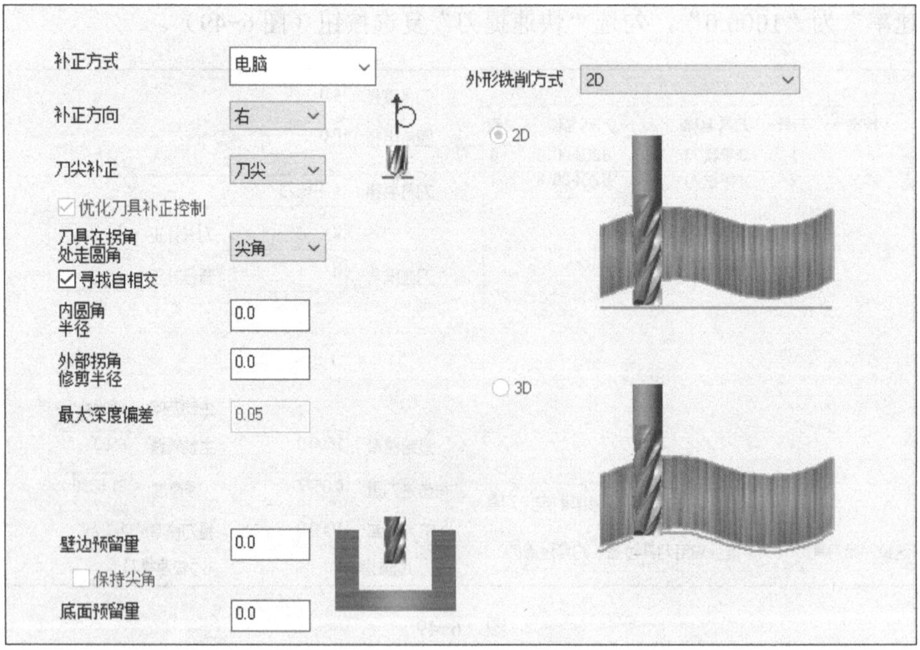

图　6-51

4）切削参数（进/退刀设置）：勾选"进/退刀设置""进刀"复选按钮，在"直线"选项卡中，选择"相切"，"长度"为"0.0"，在"圆弧"选项卡中，"半径"为"4.0"，"扫描角度"为"90.0"，"退刀"参数设置同上（图6-52）。

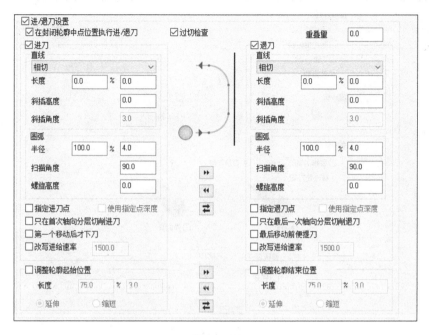

图 6-52

5）共同参数：勾选"安全高度…"复选按钮，其值为"50.0"，勾选"绝对坐标"单选按钮；"下刀位置…"为"3.0"，勾选"增量坐标"单选按钮；"毛坯顶部…"为"2.0"，勾选"增量坐标"单选按钮；"深度…"为"0.0"，勾选"增量坐标"单选按钮；（图6-53）。

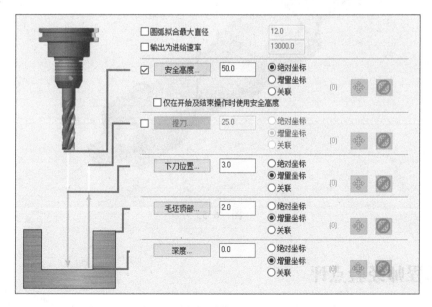

图 6-53

6）轴控制："旋转方式"选择"替换轴"，"替换轴"选择"替换 Y 轴"，"旋转轴方向"选择"顺时针"，"旋转直径"为"79.0"，取消勾选"展开"复选按钮（图 6-54）。

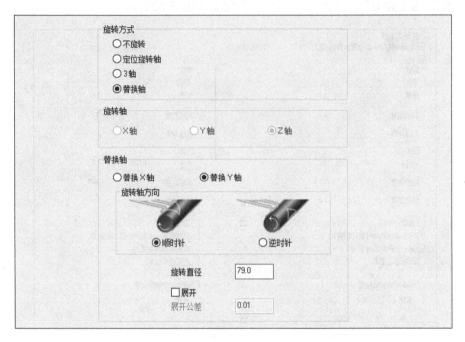

图 6-54

7）单击 ☑ 按钮，执行刀具路径运算，刀具路径运算结果如图 6-55 所示。

图 6-55

6.3 工程师经验点评

除了以上的方法，还有个常用方法，就是用多轴加工里的高级旋转。

步骤: 单击"刀路"→"多轴加工"→"高级旋转"按钮,弹出"多轴刀路 - 高级旋转"对话框,如图 6-56 所示(使用前要先创建好毛坯)。

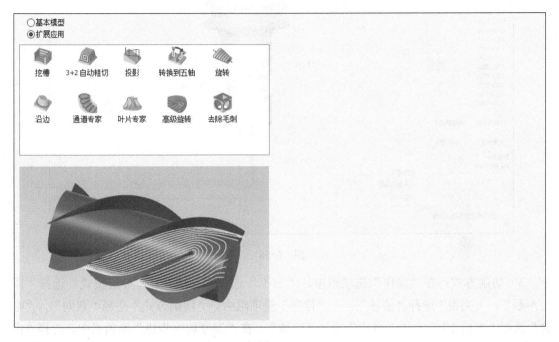

图　6-56

需要设定的参数如下:

1)刀具:新建 ϕ8mm 平铣刀,"主轴转速"为"4500","进给速率"为"2500.0","下刀速率"为"2000.0",勾选"快速提刀"复选按钮(图 6-57)。

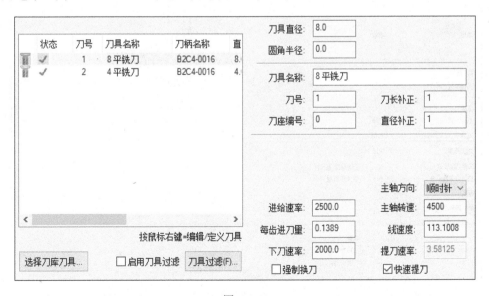

图　6-57

2)刀柄:选用"B2C4-0016","刀具伸出长度"为"30.0"(图 6-58)。

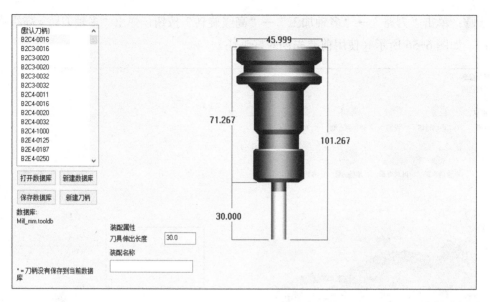

图　6-58

3）切削方式：在"操作"选项组中，"加工"选择"粗切"，"分层模式"选择"固定半径"，"类型"选择"偏移"。在"排序"选项组中，"切削方式"选择"双向"，"啮合"选择"方向 1"，"加工排序"选择"区域"。在"深度切削步进"选项组中，选择"自适应深度步进"，"距离"为"2"。在"切削间距（直径）"选项组中，"最大步进量"为"3.5"（图 6-59）。

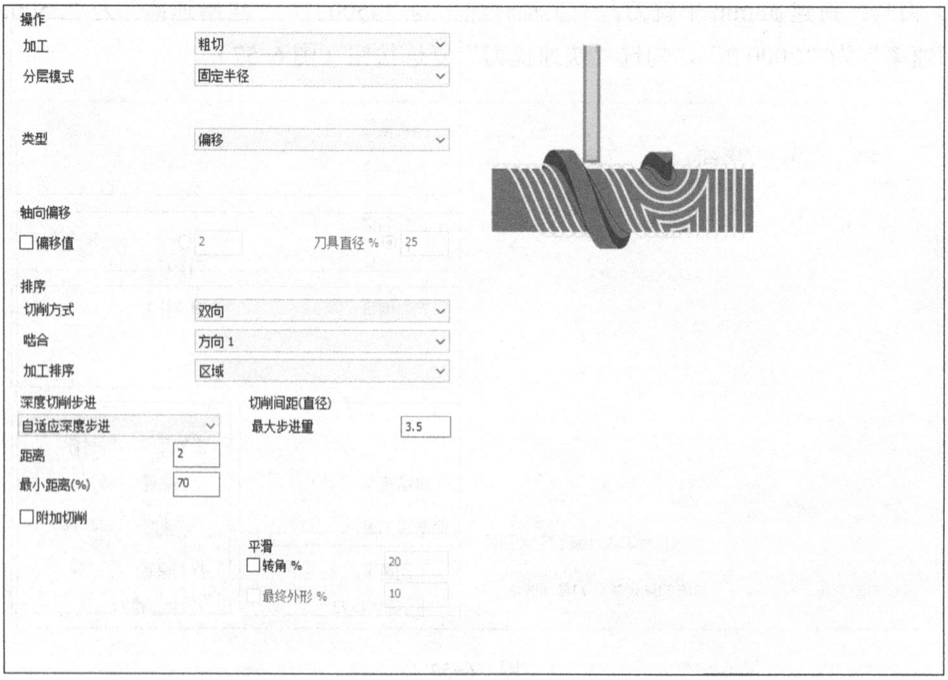

图　6-59

4）自定义组件：在"自定义组件"选项组中，单击 🗔（选取加工几何图形）按钮，选择整个实体，双击退出。"切削公差"为"0.05"，勾选"最大点距离"复选按钮，其值为"0.5"。在"旋转轴"选项组中，单击 🗔（选取方向）按钮，选择中心的辅助线，双击退出。单击 🗔（选取基于点）按钮，选择坐标原点，双击退出（图 6-60）。

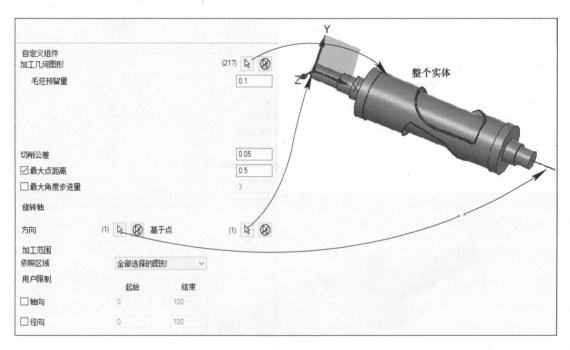

图　6-60

5）连接方式：在"Entry/Exit（切入 / 切出）"选项组中，"开始点"选择"从提刀高度""使用斜插"；"结束点"选择"返回参考高度"。在"区域连接"选项组中，"Within group（组内）"选择"平滑曲线""不使用斜插"；"Between groups（组间）"选择"返回提刀高度""不使用斜插"。在"切片间的连接"选项组中，选择"平滑曲线""不使用斜插"。在"范围间的连接"选项组中，选择"返回参考高度""使用斜插"。在"移动方式"选项组中，"斜插方式"选择"螺旋"，"角度"为"2"，"最大斜插直径（刀具直径 %）"为"60"。在"距离"选项组中，"快速距离"为"20"，"进刀进给距离"为"2"，"退刀进给距离"为"10"，"空刀移动安全距离"为"10"（图 6-61）。

6）单击 ✓ 按钮，执行刀具路径运算，刀具路径运算结果如图 6-62 所示。

图　6-61

图　6-62

第 7 章 五轴铣削加工实例：大力神杯

7.1 基本设定

7.1.1 大力神杯模型

大力神杯模型如图 7-1 所示。本节主要介绍 3D- 优化动态粗切、多轴加工 - 多曲面命令的使用。在这个例子中使用实体模型进行刀路的编制。

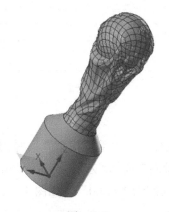

图　7-1

7.1.2 工艺方案

大力神杯模型的加工工艺方案见表 7-1。

表 7-1　加工工艺方案

工 序 号	加 工 内 容	加 工 方 式	机 床	刀 具
1	五轴定向粗加工 A 面	3D- 优化动态粗切	五轴机床	ϕ10mm 平铣刀
2	五轴定向粗加工 B 面	3D- 优化动态粗切	五轴机床	ϕ10mm 平铣刀
3	五轴精加工（例）	多轴加工 - 多曲面	五轴机床	ϕ8mm 球刀

此类零件装夹比较简单，利用自定心卡盘夹持即可。

7.1.3 准备加工模型

打开 Mastercam 2022 软件，进入主界面，打开模型，步骤如下：单击"文件"→"打开"→"模型"，选择文件，单击"打开"按钮，如图 7-2 所示。

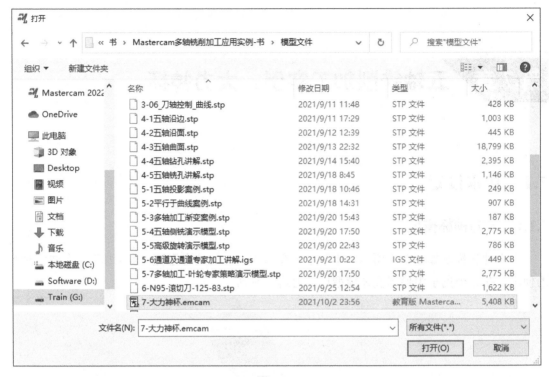

图 7-2

7.1.4 毛坯设定

单击"刀路"选项卡→"毛坯"→"毛坯模型"→弹出"毛坯模型"对话框,"最初毛坯形状"选择"圆柱体","轴向"选择"Z","毛坯原点"中"X,Y,Z"分别为"0.0,0.0,40.0",直径为"56.0",长度为"114.0",如图 7-3 所示。

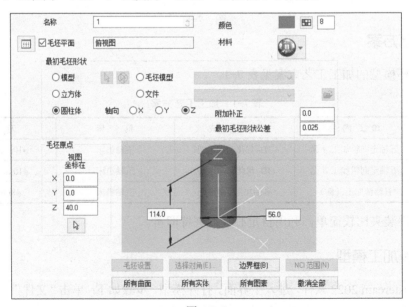

图 7-3

7.2　编程详细操作步骤

7.2.1　五轴定向粗加工 A 面

步骤：单击"刀路"→"3D"→"优化动态粗切"按钮，弹出"3D 高速曲面刀路 - 优化动态粗切"，如图 7-4 所示。

图　7-4

需要设定的参数如下：

1）模型图形：加工图形，选择图素，选择要加工部分，单击"结束选择"按钮，返回"3D 高速曲面刀路 - 优化动态粗切"，"侧壁预留量"为"1"，"底面预留量"为"1"。避让图形，选择图素，选择要避让部分，单击"结束选择"按钮，返回"3D 高速曲面刀路 - 优化动态粗切"，"侧壁预留量"为"1"，"底面预留量"为"1"（图 7-5）。

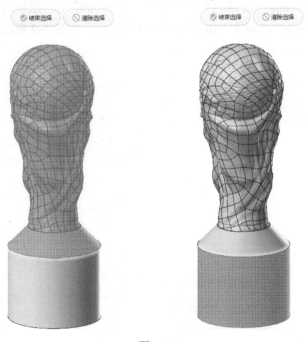

图　7-5

2）刀路控制：在"切削范围"选项组中，单击 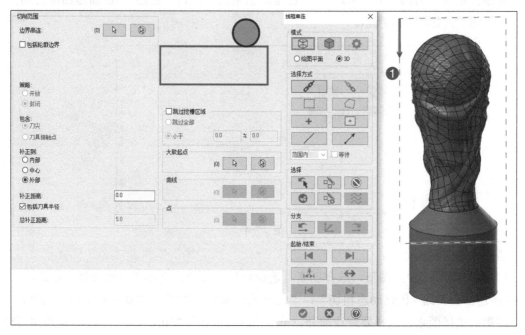（边界串连）按钮，进入"线框串连"对话框："模式"选择 ⊕（线框）按钮，单击"3D"单选按钮，"选择方式"选择 ⌀（串连）按钮，选择辅助线（图7-6中①），单击 ✓ 按钮，返回3D高速曲面刀路-优化动态粗切。"补正到"选择"外部"，"补正距离"为"0.0"，勾选"包括刀具半径"复选按钮（图7-6）。

图 7-6

3）刀具：新建 ϕ10mm 平铣刀，"主轴转速"为"4500"，"进给速率"为"2500.0"，"下刀速率"为"2000.0"，勾选"快速提刀"复选按钮，如图7-7所示。

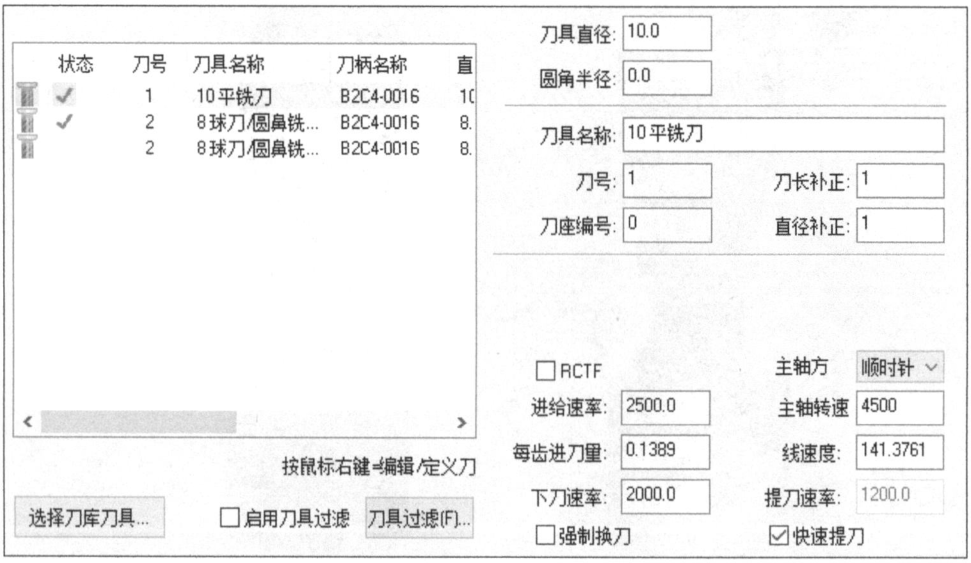

图 7-7

4）刀柄：选用"B2C4-0016"，"刀具伸出长度"为"30.0"（图7-8）。

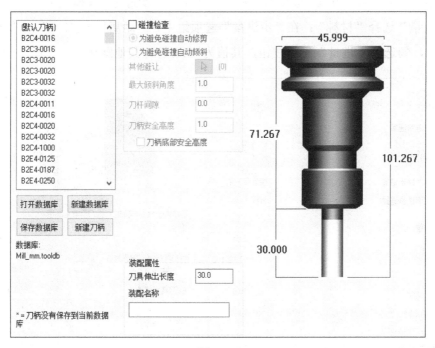

图　7-8

5）毛坯：勾选"剩余材料"复选按钮，"计算剩余毛坯依照"选择"指定操作"，在界面右边选取刚创建的毛坯模型（图7-9）。

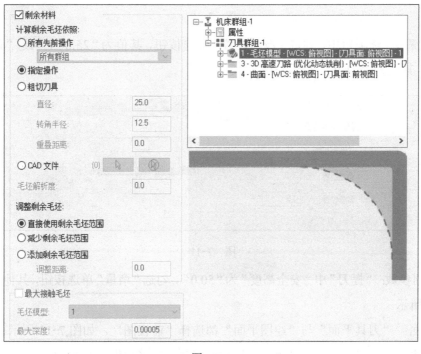

图　7-9

6）切削参数："切削方式"选择"顺铣"，"优化上铣步进量"选择"接近下一个"，"优化下铣步进量"选择"材料"；在"步进量"选项组中，"距离"为"2.0"。"分层深度"为"10.0"，勾选"步进量"复选按钮，其值为"1.0"，其他默认即可（图 7-10）。

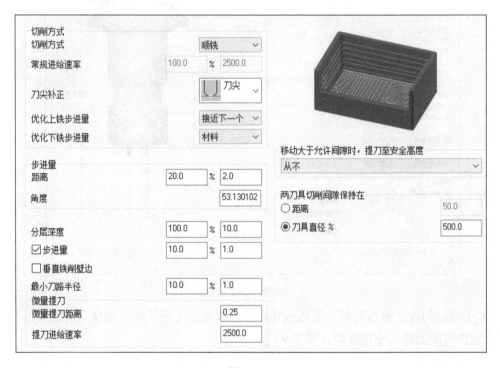

图　7-10

在"Z 深度"选项组中，勾选"最高位置"复选按钮，其值为"25.0"，勾选"最低位置"复选按钮，其值为"−1.0"（图 7-11）。

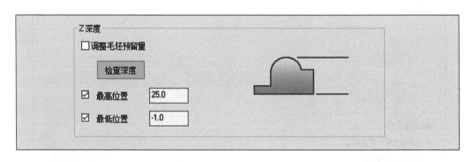

图　7-11

7）共同参数："提刀"中"安全高度"为"50.0"，勾选"增量"单选按钮，其他默认即可，如图 7-12 所示。

8）平面："刀具平面"与"绘图平面"都选择"前视图"，如图 7-13 所示。

9）单击 ✔ 按钮，执行刀具路径运算，刀具路径运算结果如图 7-14 所示。

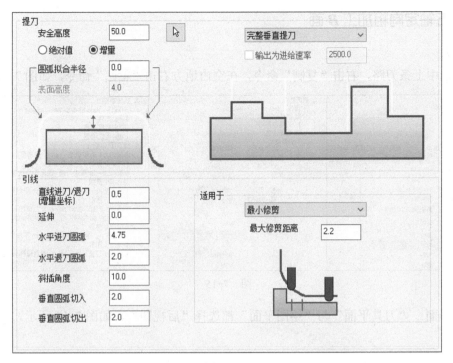

图　7-12

图　7-13

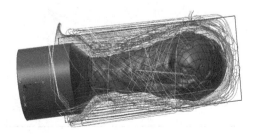

图　7-14

7.2.2 五轴定向粗加工 *B* 面

步骤：

1）选中上条刀路，右击"复制"命令，在空白地方右击"粘贴"命令，如图 7-15 所示。

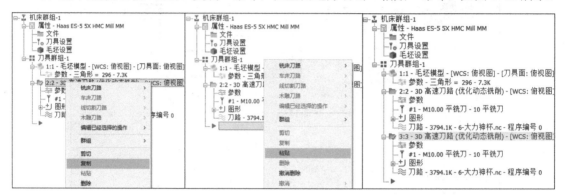

图 7-15

2）平面："刀具平面"与"绘图平面"都选择"后视图"，如图 7-16 所示。

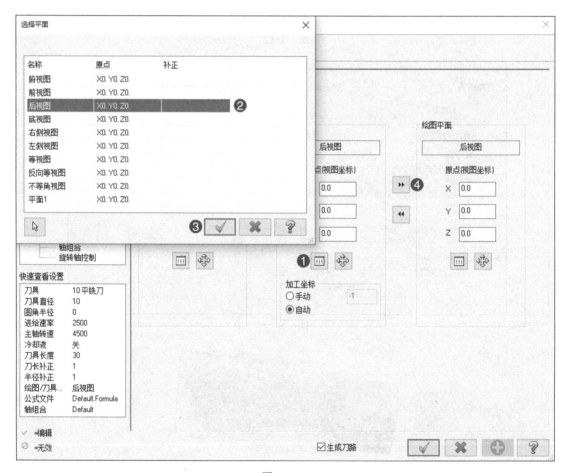

图 7-16

3）单击 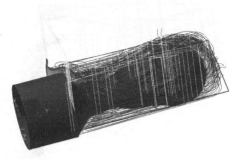 按钮，执行刀具路径运算，刀具路径运算结果如图 7-17 所示。

图　7-17

7.2.3　五轴精加工

步骤：单击"刀路"→"多轴加工"→"多曲面"按钮，弹出"多轴刀路 - 多曲面"对话框，如图 7-18 所示。

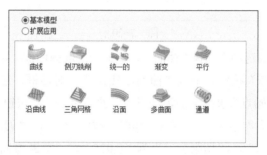

图　7-18

需要设定的参数如下：

1）刀具：新建 ϕ8mm 球刀（精加工时刀具改小），"主轴转速"为"4500"，"进给速率"为"2500.0"，"下刀速率"为"2000.0"，勾选"快速提刀"复选按钮，如图 7-19 所示。

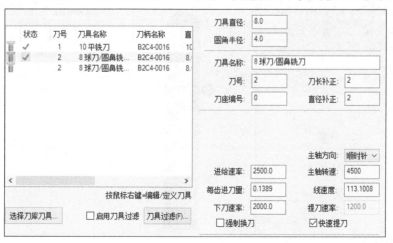

图　7-19

2）刀柄：选用"B2C4-0016"，"刀具伸出长度"为"35.0"，如图 7-20 所示。

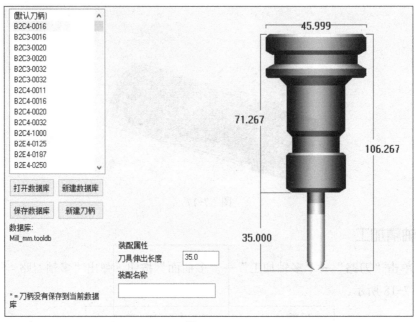

图　7-20

3）切削方式："模型选项"选择"曲面"，单击 ⬚（选择曲面）按钮，选择曲面（图 7-21 中①），单击"结束选择"按钮，进入"曲面流线设置"对话框，通过"补正方向""切削方向""步进方向""起始点"进行曲面流线设置，然后单击 ✓ 按钮。"切削方向"选择"螺旋"，"补正方式"选择"电脑"，"补正方向"选择"左"，"刀尖补正"选择"刀尖"，"加工面预留量"为"0.0"，"切削公差"为"0.025"，"截断方向步进量"为"1.0"（精加工视情况而定），"引导方向步进量"为"1.0"（精加工视情况而定），如图 7-21 所示。

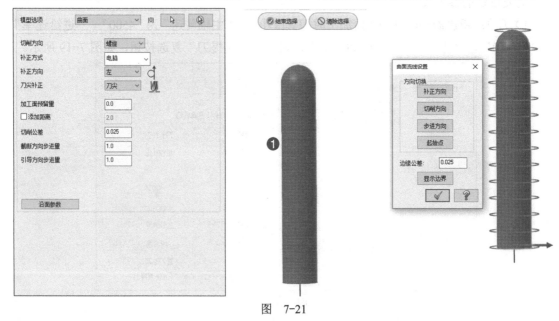

图　7-21

4）刀轴控制："刀轴控制"选择"曲面"，"输出方式"选择"5 轴"，"轴旋转于"选择"Z 轴"，"前倾角"为"0.0"，"侧倾角"为"0.0"，"刀具向量长度"为"25.0"（图 7-22）。勾选"Z 轴"复选按钮，"最小值"为"0.0"，"最大值"为"90.0"，在"限制操作"选项组中，选择"修改超过限制的运动"单选按钮。

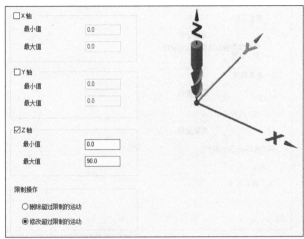

图　7 22

5）碰撞控制：单击 补正曲面按钮，选择补正曲面（图 7-23 中①），单击"结束选择"按钮，"预留量"为"0.3"（精加工时改为 0.0），如图 7-23 所示。

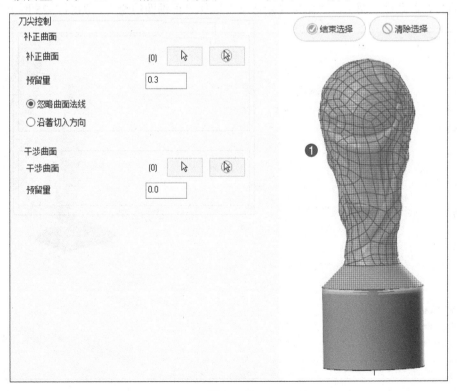

图　7-23

6）共同参数：勾选"安全高度 …"复选按钮，其值为"100.0"增量坐标；勾选"参考高度 …"复选按钮，其值为"10.0"增量坐标；"下刀位置 …"为"2.0"增量坐标；在"两刀具切削间隙保持在"选项组中，设置"刀具直径 %"为"300.0"（图 7-24）。

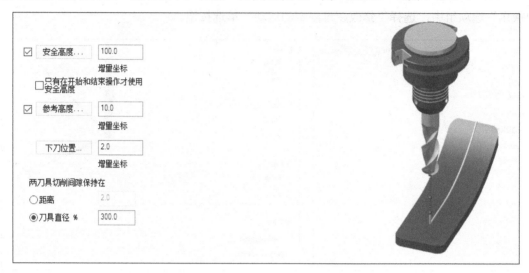

图　7-24

7）进 / 退刀：勾选"进 / 退刀""进刀曲线"复选按钮，"长度"为"3.0"，"厚度"为"0.0"，"高度"为"3.0"，"进给率 %"为"100.0"，"中心轴角度"为"0.0"，"方向"选择"左"，"退出曲线"参数设置同上，"熔接连接选项"选择"正垂面边缘"，如图 7-25 所示。

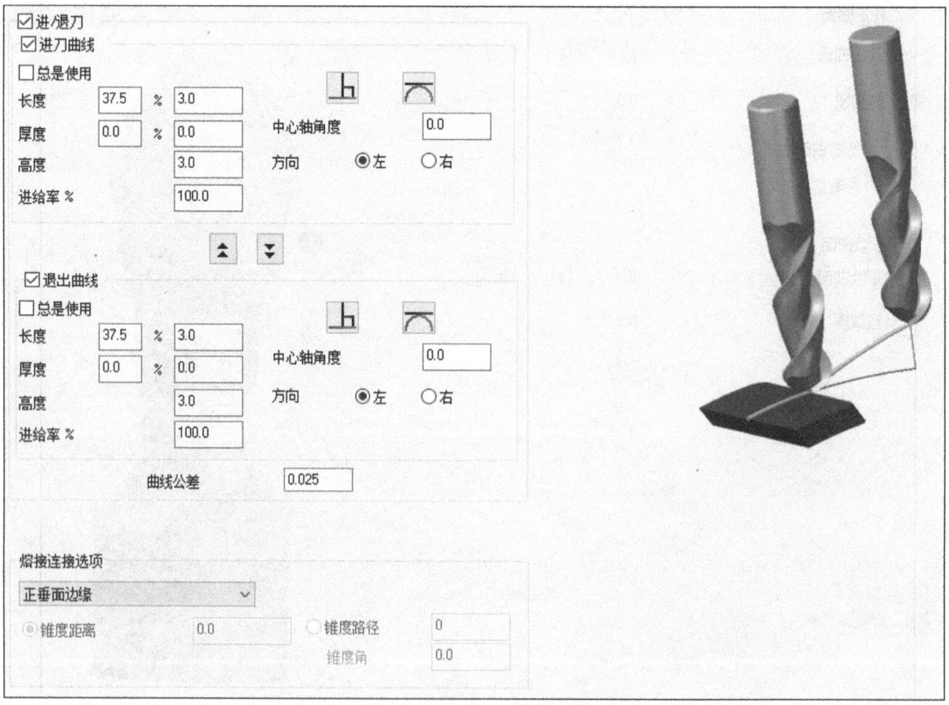

图　7-25

8）单击 按钮，执行刀具路径运算，刀具路径运算结果如图 7-26 所示。

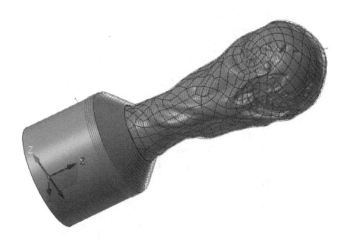

图　7-26

7.3　工程师经验点评

如果用四轴机床加工，用旋转会在大力神杯顶部残留一块未加工的区域，因此在这里用"多轴加工 - 多曲面"来加工。具体精加工方法如下：

1）作辅助线，打开"6- 大力神杯 4 轴"。

2）新建图层，单击线框，按大力神杯的形状画出，如图 7-27 所示。

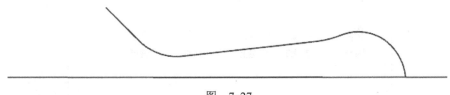

图　7-27

3）作辅助面，单击"曲面"→"旋转"，进入"线框串连"对话框，"模式"选择 ⊞（线框）按钮，单击"3D"单选按钮，"选择方式"选择 ✐（串连）按钮，选取轮廓曲线（图 7-28 中①），然后单击 按钮，选择旋转轴（图 7-28 中②），再单击 按钮。

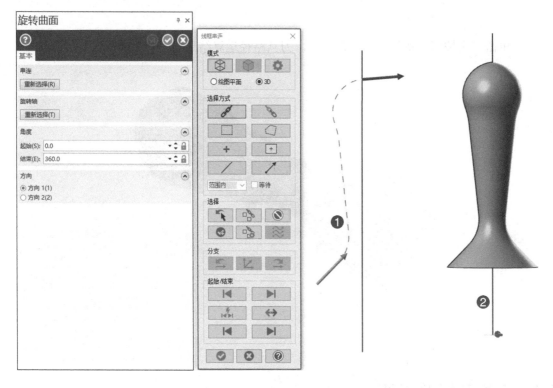

图 7-28

步骤：单击"刀路"→"多轴加工"→"多曲面"按钮，弹出"多轴刀路 - 多曲面"对话框，如图 7-29 所示。

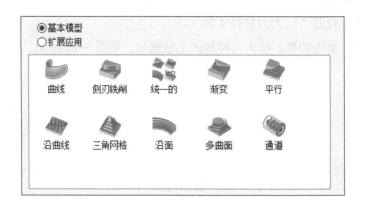

图 7-29

需要设定的参数如下：

1）刀具：新建 ϕ8mm 球刀（精加工时刀具改小），"主轴转速"为"4500"，"进给速率"为"2500.0"，"下刀速率"为"2000.0"，勾选"快速提刀"复选按钮，如图 7-30 所示。

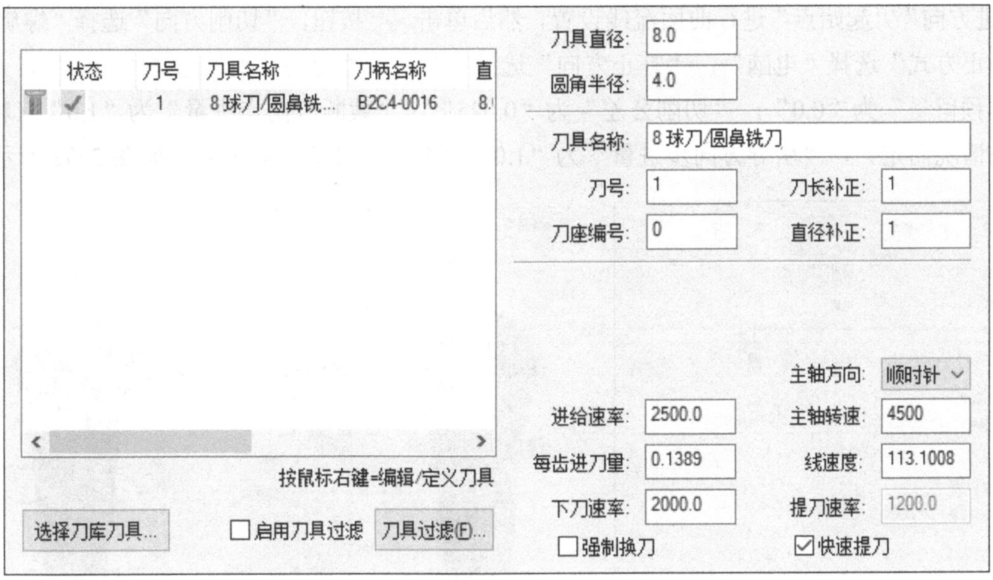

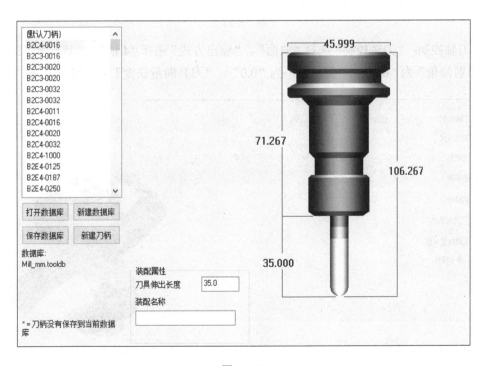

图　7-30

2）刀柄：选用"B2C4-0016"，"刀具伸出长度"为"35.0"，如图 7-31 所示。

图　7-31

3）切削方式："模型选项"选择"曲面"，单击 ⊗（选择曲面）按钮，选择曲面（图 7-32 中①），单击"结束选择"按钮，进入"曲面流线设置"对话框，通过"补正方向""切削方向"

"步进方向""起始点"进行曲面流线设置，然后单击 ☑️ 按钮，"切削方向"选择"螺旋"，"补正方式"选择"电脑"，"补正方向"选择"左"，"刀尖补正"选择"刀尖"，"加工面预留量"为"0.0"，"切削公差"为"0.025"，"截断方向步进量"为"1.0"（精加工视情况而定），"引导方向步进量"为"1.0"（精加工视情况而定），如图 7-32 所示。

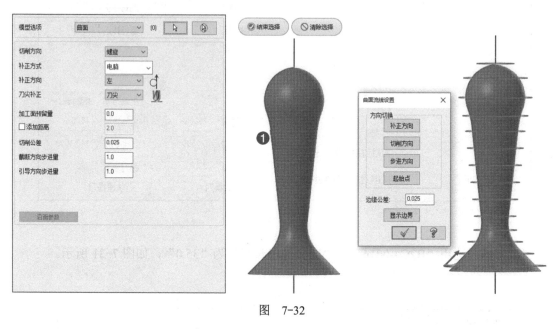

图 7-32

4）刀轴控制："刀轴控制"选择"曲面"，"输出方式"选择"4轴"，"旋转轴"选择"X轴"，"前倾角"为"0.0"，"侧倾角"为"0.0"，"刀具向量长度"为"25.0"（图 7-33）。

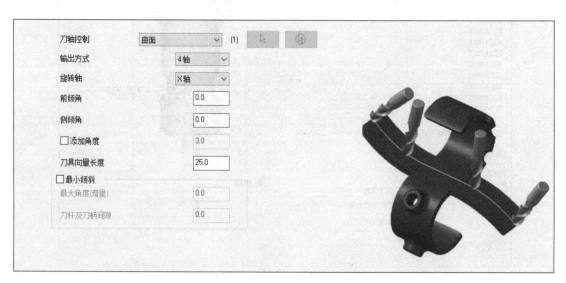

图 7-33

5）碰撞控制：在"补正曲面"选项组中，单击 ▷ （补正曲面）按钮，选取曲面（图 7-34 中①），单击"结束选择"按钮，"预留量"为"0.0"，如图 7-34 所示。

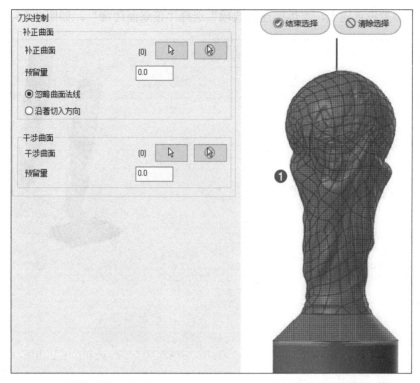

图　7-34

6）共同参数：勾选"安全高度 …"复选按钮，其值为"100.0"增量坐标；勾选"参考高度 …"复选按钮，其值为"10.0"增量坐标；"下刀位置 …"为"2.0"增量坐标；在"两刀具切削间隙保持在"选项组中，设置"刀具直径 %"为"300.0"，如图 7-35 所示。

图　7-35

7）进 / 退刀：勾选"进 / 退刀""进刀曲线"复选按钮，"长度"为"3.0"，"厚度"为"0.0"，"高度"为"3.0"，"进给率 %"为"100.0"，"中心轴角度"为"0.0"，"方向"选择"左"，

"退出曲线"参数设置同上，"熔接连接选项"选择"正垂面边缘"，如图 7-36 所示。

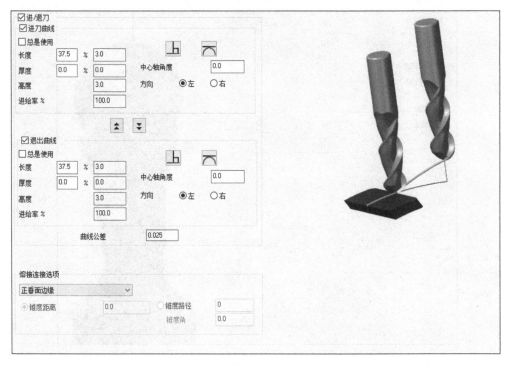

图　7-36

8）单击 ✓ 按钮，执行刀具路径运算，刀具路径运算结果如图 7-37 所示。

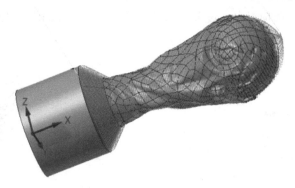

图　7-37

第 8 章　五轴铣削加工实例：叶轮

8.1　基本设定

8.1.1　叶轮模型

叶轮模型如图 8-1 所示。本节主要介绍多轴加工 - 叶片专家命令的使用，并使用实体模型进行刀路的编制。

8.1.2　工艺方案

叶轮模型的加工工艺方案见表 8-1。

图　8-1

表　8-1

工 序 号	加工内容	加工方式	机 床	刀 具
1	粗加工叶轮	多轴加工 - 叶片专家	五轴机床	φ8mm 锥度铣刀
2	精加工轮毂	多轴加工 - 叶片专家	五轴机床	φ8mm 锥度铣刀
3	精加工叶片	多轴加工 - 叶片专家	五轴机床	φ8mm 锥度铣刀

此类零件装夹需要做工装，利用工装夹持即可。

8.1.3　准备加工模型

打开 Mastercam 2022 软件，进入主界面，打开模型，步骤如下：单击 "文件" → "打开" → "模型"，选择文件，单击 "打开" 按钮，如图 8-2 所示。

图　8-2

8.1.4 机床选择

在"机床"选项卡中选择"铣床"→"管理列表"→选择"GENERIC HAAS ES-5 5X HMC MILL MM.mcam-mmd"→"添加"→ ✓ 按钮→选择"GENERIC HAAS ES-5 5X HMC MILL MM.mcam-mmd"进行定义,如图 8-3 所示。

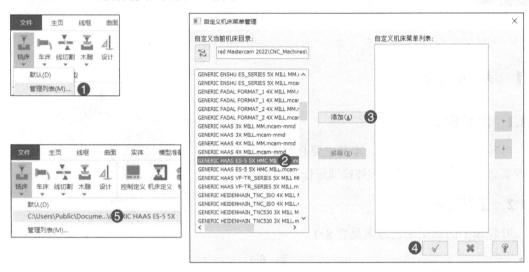

图 8-3

8.2 编程详细操作步骤

8.2.1 粗加工叶轮

步骤:单击"刀路"→"多轴加工"→"叶片专家"按钮,弹出"多轴刀路 - 叶片专家"对话框,如图 8-4 所示。

图 8-4

需要设定的参数如下：

1）刀具：新建 ϕ8mm 锥度铣刀，"主轴转速"为"6000"，"进给速率"为"2500.0"，"下刀速率"为"2000.0"，勾选"快速提刀"复选按钮，如图 8-5 所示。

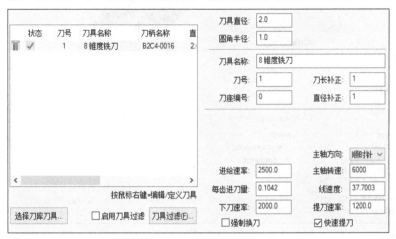

图　8-5

2）刀柄：选用"B2C4-0016"，"刀具伸出长度"为"50.0"，如图 8-6 所示。

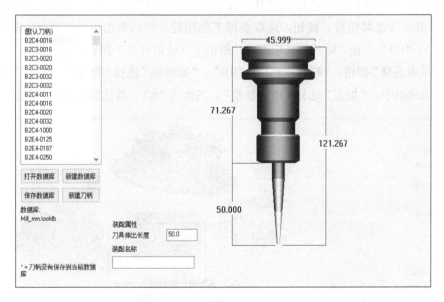

图　8-6

3）切削方式：在"模式"选项组中，"加工"选择"粗切"，"策略"选择"与叶片轮毂之间渐变"。在"排序"选项组中，"方式"选择"双向 - 由前边缘开始"，"排序"选择"由左至右"。在"深度步进量"选项组中，"最大距离"中"距离"为"2"。在"首个切削"选项组中，"宽度间分层"为"2"。在"最终切削"选项组中，"最终切削步进量"为"2.5"。在"宽度层数"选项组中，"最大距离"为"1"。在"剩余毛坯"选项组中，选择"粗切所有深度层"单选按钮（图 8-7）。

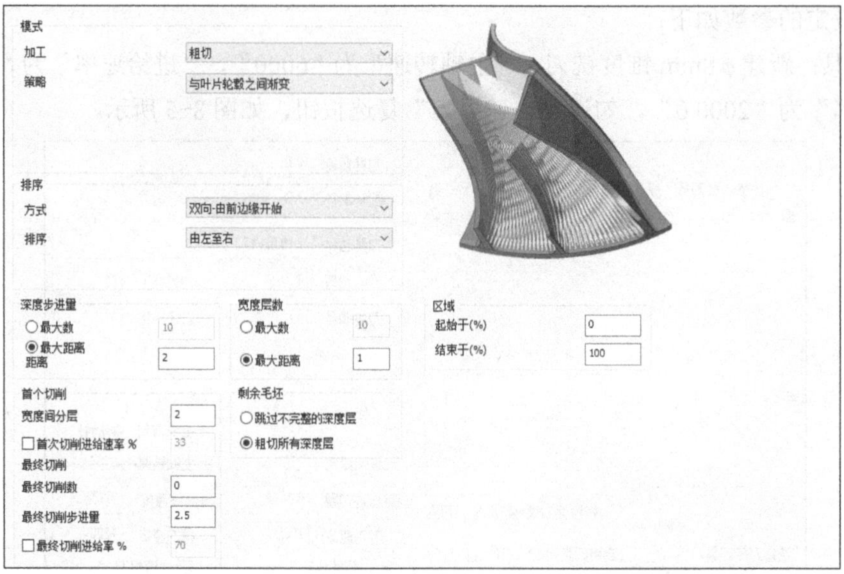

图 8-7

4）自定义组件：在"自定义组件"选项组中，单击🔾（选取叶片分流圆角）按钮，选取要加工的一组叶片，然后单击"结束选择"按钮，"毛坯预留量"为"0.1"。在"轮毂"选项组中，单击🔾（选取轮毂）按钮，选取要加工的轮毂，然后单击"结束选择"按钮，"毛坯预留量"为"0.1"。在"叶片"选项组中，单击🔾（选取叶片）按钮，选取要加工的叶片，然后单击"结束选择"按钮，"起始补正"为"0.0"。"旋转轴"选择"自动"，"区段"为"6.0"。在"区段"选项组中，"加工"选择"指定数量"，其值为"6"，其他默认即可，如图 8-8 所示。

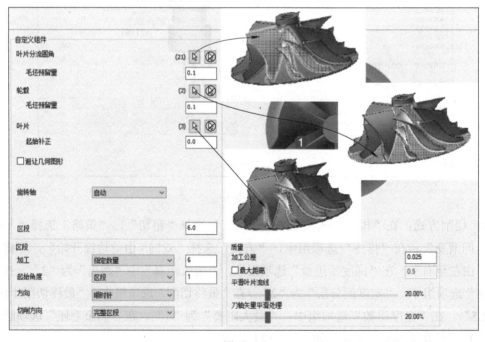

图 8-8

5）单击 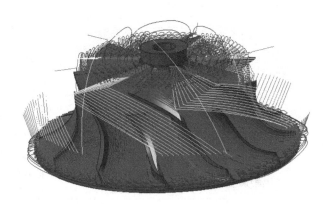 按钮，执行刀具路径运算，刀具路径运算结果如图 8-9 所示。

图 8-9

8.2.2 精加工轮毂

步骤：单击"刀路"→"多轴加工"→"叶片专家"按钮，弹出"多轴刀路 - 叶片专家"对话框，如图 8-10 所示。

图 8-10

需要设定的参数如下：

1）刀具：新建 ϕ8mm 锥度铣刀，"主轴转速"为"6000"，"进给速率"为"2500.0"，"下刀速率"为"2000.0"，勾选"快速提刀"复选按钮，如图 8-11 所示。

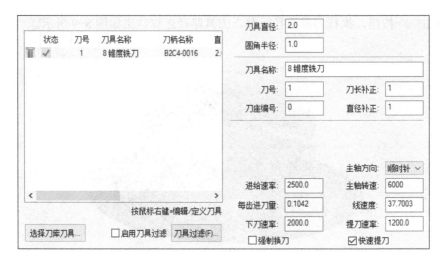

图 8-11

2）刀柄：选用"B2C4-0016"，"刀具伸出长度"为"50.0"，如图 8-12 所示。

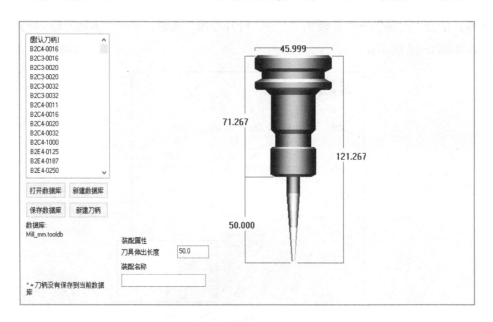

图 8-12

3）切削方式：在"模式"选项组中，"加工"选择"精修轮毂"，在"排序"选项组中，"方式"选择"双向 - 由前边缘开始"，"排序"选择"由内而外 - 顺时针"。在"首个切削"选项组中，"宽度间分层"为"2"。在"宽度层数"选项组中，"最大距离"为"0.2"，如图 8-13 所示。

4）自定义组件：在"自定义组件"选项组中，单击 ↳（选取叶片分流圆角）按钮，选取要加工的一组叶片，然后单击"结束选择"按钮，"毛坯预留量"为"0.1"。在"轮毂"选项组中，单击 ↳（选取轮毂）按钮，选取要加工的轮毂，然后单击"结束选择"按钮，"毛

坯预留量"为"0"。"旋转轴"选择"自动"，"区段"为"6"。在"区段"选项组中，
"加工"选择"指定数量"，其值为"6"，其他默认即可，如图 8-14 所示。

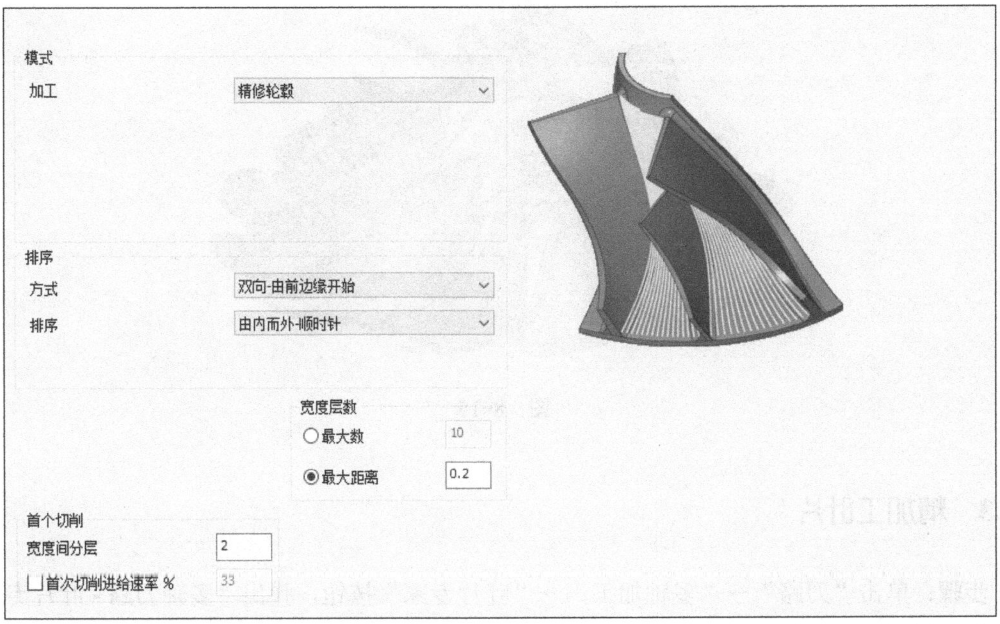

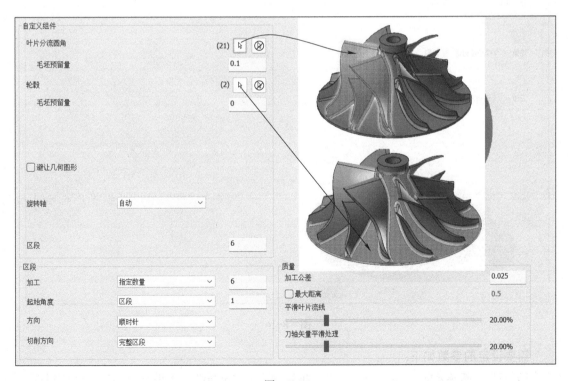

图　8-13

图　8-14

5）单击 ✓ 按钮，执行刀具路径运算，刀具路径运算结果如图 8-15 所示。

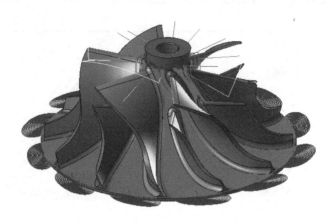

图　8-15

8.2.3　精加工叶片

步骤：单击"刀路"→"多轴加工"→"叶片专家"按钮，弹出"多轴刀路 - 叶片专家"对话框，如图 8-16 所示。

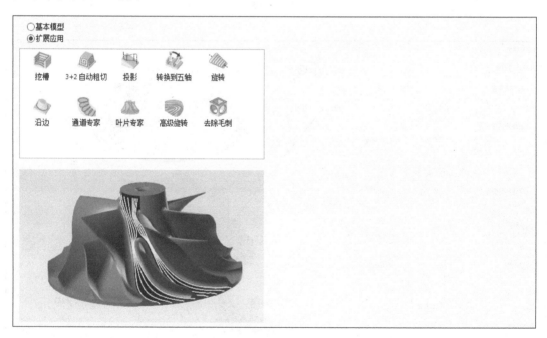

图　8-16

需要设定的参数如下：

1）刀具：新建 ϕ8mm 锥度铣刀，"主轴转速"为"6000"，"进给速率"为"2500.0"，

"下刀速率"为"2000.0"，勾选"快速提刀"复选按钮，如图 8-17 所示。

图 8-17

2）刀柄：选用"B2C4-0016"，"刀具伸出长度"为"50.0"，如图 8-18 所示。

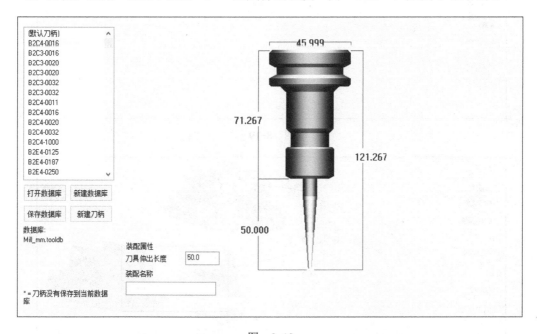

图 8-18

3）切削方式：在"模式"选项组中，"加工"选择"精修叶片"，"策略"选择"与叶片轮毂之间渐变"，"外形"选择"完整（修剪后边缘）"。在"排序"选项组中，"方式"选择"单向 - 由后边缘开始"，"切削方向"选择"顺铣"。在"深度步进量"选项组中，"最大距离"中"距离"为"2"，其他默认即可，如图 8-19 所示。

4）自定义组件：在"自定义组件"选项组中，单击 (选取叶片分流圆角) 按钮，选取要加工的一组叶片，然后单击"结束选择"按钮，"毛坯预留量"为"0.1"。在"轮毂"

选项组中，单击 🔲（选取轮毂）按钮，选取要加工的轮毂，然后单击"结束选择"按钮，"毛坯预留量"为"0.1"。在"叶片"选项组中，单击 🔲（选取叶片）按钮，选取要加工的叶片，然后单击"结束选择"按钮，"起始补正"为"0.0"。"旋转轴"选择"自动"，"区段"为"6"。在"区段"选项组中，"加工"选择"指定数量"，其值为"6"，其他默认即可，如图 8-20 所示。

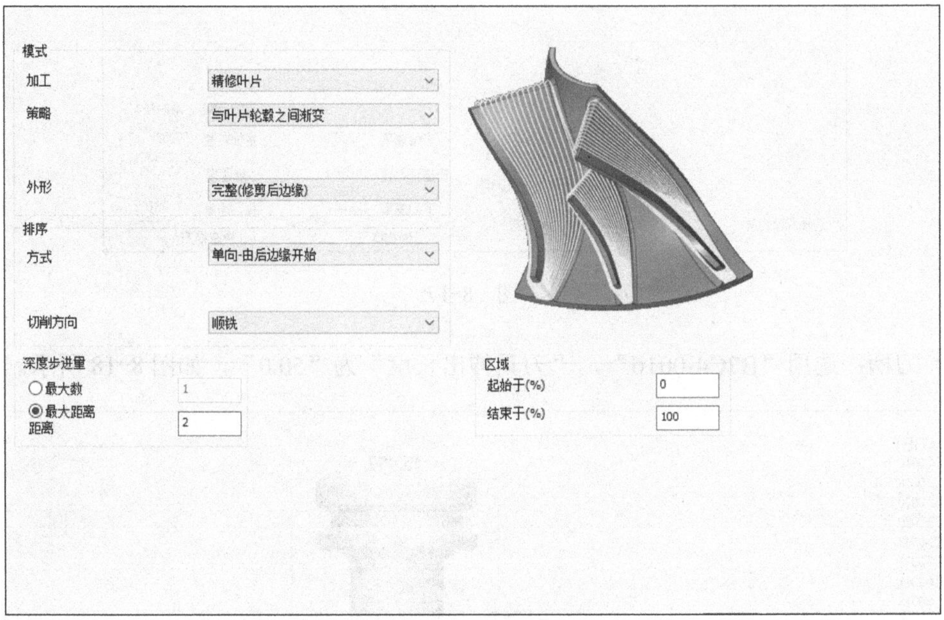

图 8-19

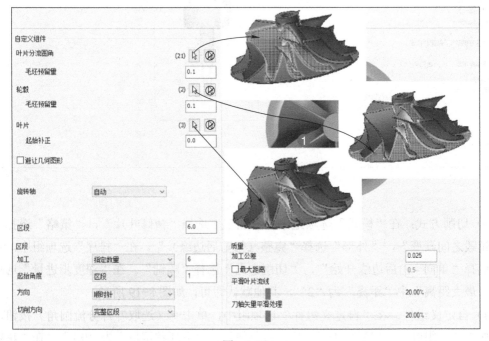

图 8-20

5）边界："边缘"选择"边缘加工"，"边缘延伸"选择"相切"，其值为"1"，如图 8-21 所示。

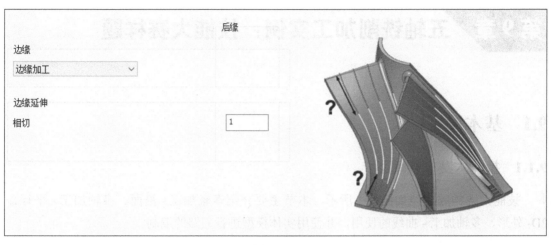

图　8-21

6）单击 ✓ 按钮，执行刀具路径运算，刀具路径运算结果如图 8-22 所示。

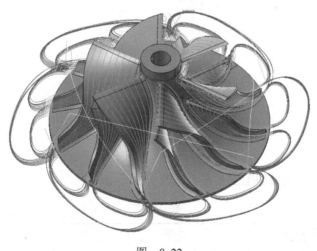

图　8-22

8.3　工程师经验点评

加工任何类型的叶轮，并不一定要使用叶片专家策略，也可以使用一般的多轴策略来生成刀具路径。

例如，轮毂的做法，可以选用多轴加工 - 渐变加工策略；叶片的做法，可以选用多轴加工 - 侧刃铣削策略；叶片端面的做法，可以选用多轴加工 - 沿面策略。

第 9 章 五轴铣削加工实例：技能大赛样题

9.1 基本设定

9.1.1 技能大赛样题模型

技能大赛样题模型如图 9-1 所示。本节主要介绍多轴加工 - 沿面、多轴加工 - 平行、2D- 外形、多轴加工 - 曲线的使用，并使用实体模型进行刀路的编制。

图 9-1

9.1.2 工艺方案

技能大赛样题模型的精加工工艺方案见表 9-1。

表 9-1

工 序 号	加 工 内 容	加 工 方 式	机 床	刀 具
1	五轴精加工内圆 A	多轴加工 - 沿面	五轴机床	ϕ12mm 球刀
2	五轴精加工内圆 B	多轴加工 - 沿面	五轴机床	ϕ12mm 球刀
3	五轴精加工外圆	多轴加工 - 平行	五轴机床	ϕ10mm 平铣刀
4	五轴精加工外圆底面	2D- 外形	五轴机床	ϕ10mm 平铣刀
5	五轴精加工内圆圆环	多轴加工 - 平行	五轴机床	ϕ10mm 倒角刀
6	五轴刻字	多轴加工 - 曲线	五轴机床	ϕ4mm 木雕刀

此类零件装夹比较简单，利用自定心卡盘夹持即可。

9.1.3 准备加工模型

打开 Mastercam 2022 软件，进入主界面，打开模型，步骤如下：单击"文件"→"打开"→"模型"，选择文件，单击"打开"按钮，如图 9-2 所示。

图　9-2

9.1.4　机床选择

在"机床"选项卡中选择"铣床"→"管理列表"→选择"GENERIC HAAS ES-5 5X HMC MILL MM.mcam-mmd"，单击"添加"→ 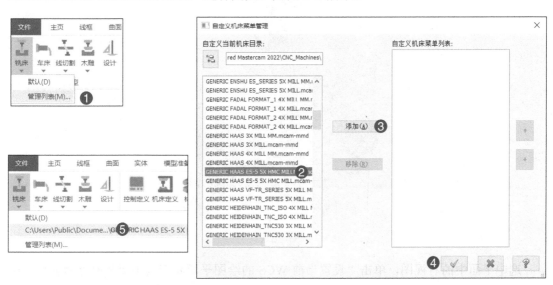 按钮，选择"GENERIC HAAS ES-5 5X HMC MILL MM.mcam-mmd"进行定义，如图9-3所示。

图　9-3

9.1.5　辅助线

新建 2 号图层，并命名为辅助线，单击线框→"线端点"，如图 9-4 所示设置，单击 按钮。

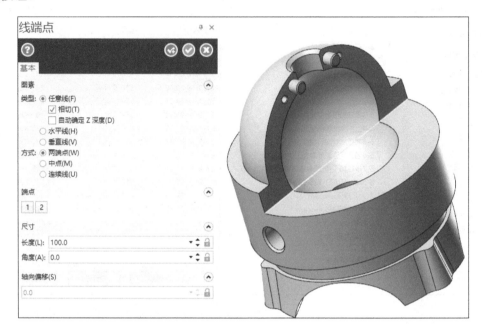

图　9-4

选中平面中的左视图，单击"设置当前 WCS 的绘图平面和刀具平面及原点为选择的平面"按钮，单击线框→线端点→画两条线（图 9-5），单击 按钮。

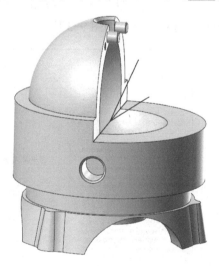

图　9-5

选中平面中的右视图，单击"设置当前 WCS 的绘图平面和刀具平面及原点为选择的平面"按钮，单击线框→矩形→画一个矩形（图 9-6），单击 按钮。

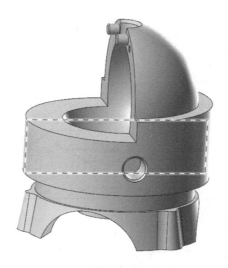

图　9-6

单击线框→文字，输入"技能竞赛"，"尺寸高度"为"18.0"，如图 9-7 所示，基准点选择合适的位置。

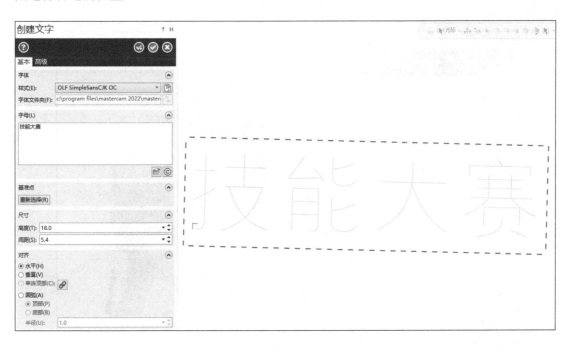

图　9-7

单击"转换"→"缠绕"，弹出"线框串连"对话框，"模式"选择 ⊞（线框）按钮，单击"3D"单选按钮，"选择方式"选择 □ （框选）按钮，框选技能大赛，单击 ◉ 按钮。"基本"选项卡：在"图素"选项组中，"方式"选择"复制"，"类型"选择"缠绕"；在"旋转轴"选项组中，选择"Y"；"直径"为"100.0"；在"定位"选项组中，"角度"为"180.0"，单击 ◉ 按钮，把刚缠绕的文字单独放到图层 5（图 9-8）。

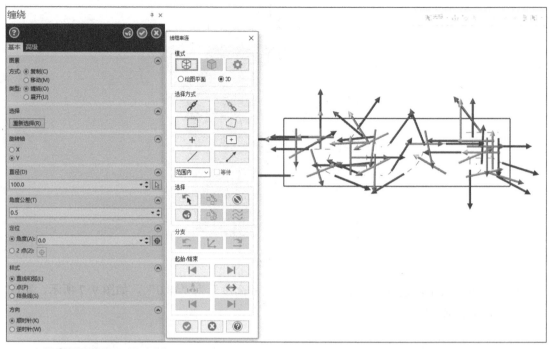

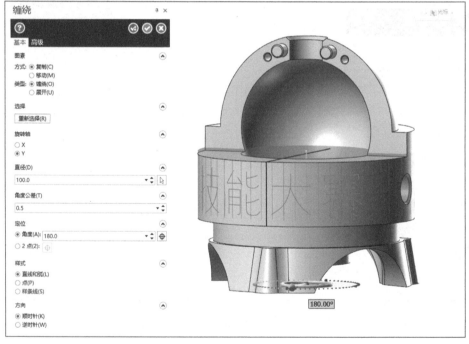

图 9-8

9.1.6 辅助面

新建 3 号图层，并命名辅助面，单击曲面→由实体生成曲面，选取辅助面（图 9-9），
单击 ✔ 按钮。

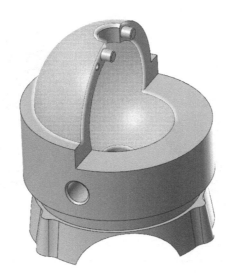

图　9-9

单击线框→单边缘曲线→选取内圆的边界线（图9-10a）→确定；单击线框→线端点→画两条线（图9-10b）→确定；单击曲面→扫描曲面→选取截面线（图9-10c）→确定，选取引导线（图9-10d）→确定，单击确定（图9-10e）。

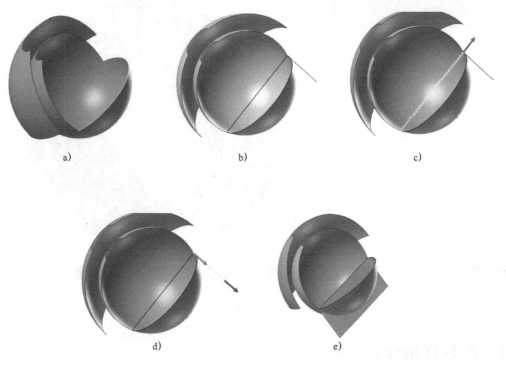

a)　　　　　　　　b)　　　　　　　　c)

d)　　　　　　　　e)

图　9-10

单击曲面→修剪到曲面→选取第一个面（图9-11a）→结束选择，选取第二个面（图9-11b）→结束选择。在"修剪到曲面"对话框的"图素"选项组中，"修剪"选择"修剪第一组"，"设置"勾选"分割模式"复选按钮，单击 ✅ 按钮（图9-11c）。

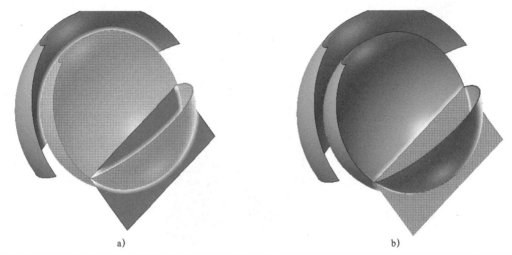

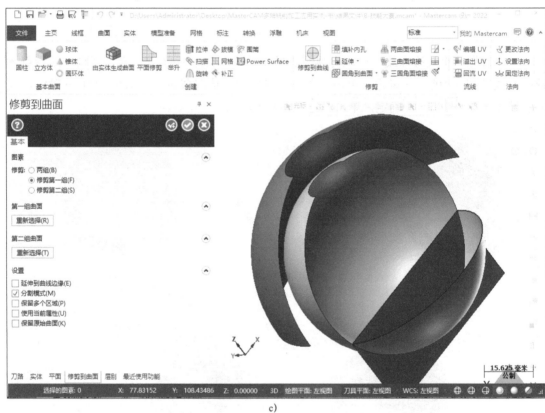

图 9-11

9.2 编程详细操作步骤

9.2.1 五轴精加工内圆 *A*

步骤：单击"刀路"→"多轴加工"→"沿面"按钮，弹出"多轴刀路 - 沿面"对话框，如图 9-12 所示。

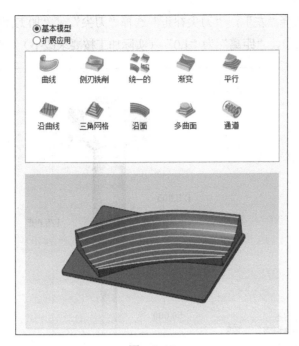

图　9-12

需要设定的参数如下：

1）刀具：新建 ϕ12mm 球刀，"主轴转速"为"6000"，"进给速率"为"2500.0"，"下刀速率"为"2000.0"，勾选"快速提刀"复选按钮，如图 9-13 所示。

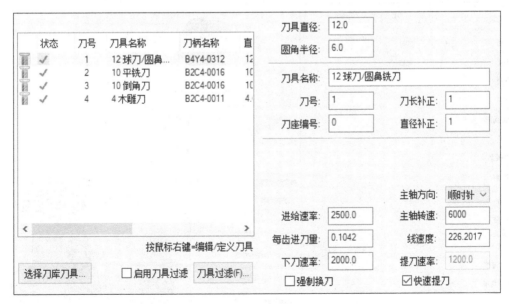

图　9-13

2）刀柄：选用"B4Y4-0312"，"刀具伸出长度"为"50.0"，如图 9-14 所示。

3）切削方式：单击 ⬚ （选取曲面）按钮，选择要加工的曲面（图 9-15 中①），单击"结束选择"按钮，进入"曲面流线设置"对话框。"切削方向"选择"双向"，"补正方式"选择"电脑"，"补正方向"选择"左"，"刀尖补正"选择"刀尖"，"加工面预留量"为"0.0"，在"切削间距"选项组中，"距离"为"1.0"（实际加工按要求改小），如图 9-15 所示。

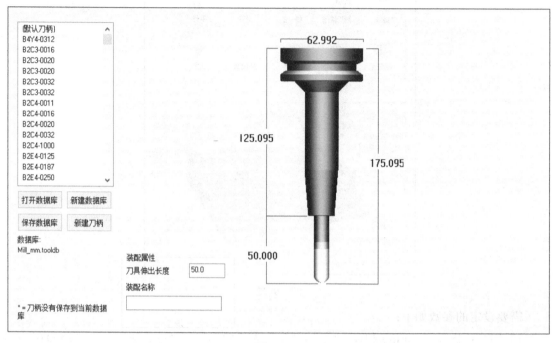

图　9-14

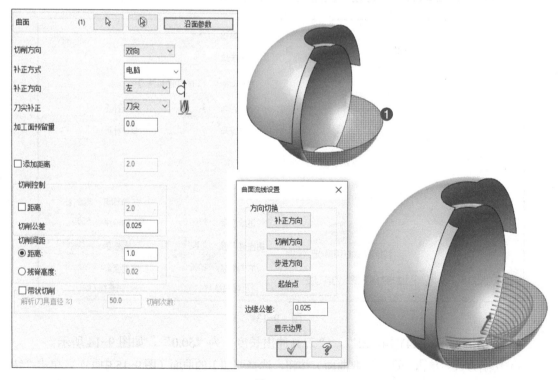

图　9-15

4）刀轴控制："刀轴控制"选择"从点"，单击 ⬚ （选择）按钮，选择用来刀轴控制的点（图 9-16 中①），返回"多轴刀路 - 沿面"对话框。"输出方式"选择"5 轴"，"轴旋转于"选择"Z 轴"，设置"前倾角"为"0.0"，"侧倾角"为"0.0"，勾选"添加角度"复选按钮，其值为"3.0"，"刀具向量长度"为"25.0"，如图 9-16 所示。

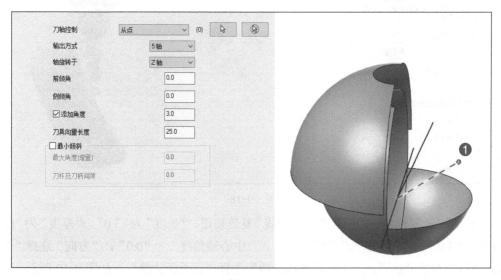

图　9-16

5）碰撞控制：在"干涉曲面"选项组中，单击 ⬚ （干涉曲面）按钮，选择两个圆柱（图 9-17 中①、②），单击"结束选择"按钮。

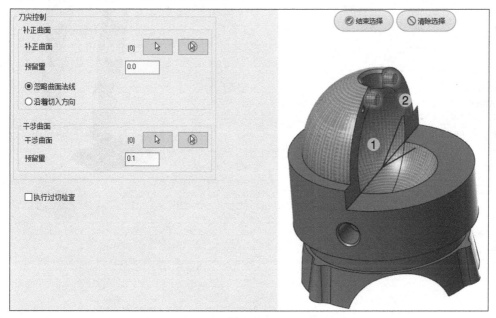

图　9-17

6）共同参数：勾选"安全高度…"复选按钮，其值为"100.0"增量坐标；勾选"参考高度…"复选按钮，其值为"10.0"增量坐标；"下刀位置…"为"2.0"增量坐标；在"两刀具切削间隙保持在"选项组中，设置"刀具直径%"为"300.0"，如图9-18所示。

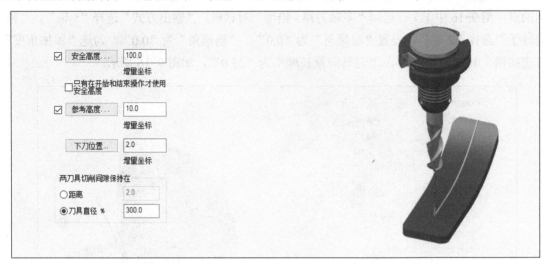

图　9-18

7）进/退刀：勾选"进/退刀""进刀曲线"复选按钮，"长度"为"3.0"，"厚度"为"0.0"，"高度"为"3.0"，"进给率%"为"100.0"，"中心轴角度"为"0.0"，"方向"选择"左"，"退出曲线"参数设置同上，"熔接连接选项"选择"正垂面边缘"，如图9-19所示。

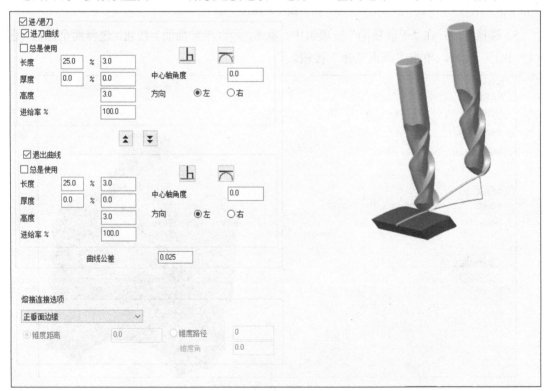

图　9-19

8）单击 ✓ 按钮，执行刀具路径运算，刀具路径运算结果如图9-20所示。

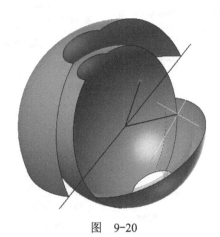

图　9-20

9.2.2　五轴精加工内圆 *B*

步骤： 单击"刀路"→"多轴加工"→"沿面"按钮，弹出"多轴刀路 - 沿面"对话框，如图 9-21 所示。

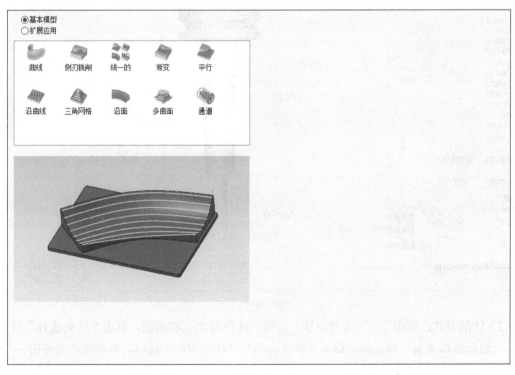

图　9-21

需要设定的参数如下：

1）刀具：新建 ϕ12mm 球刀，"主轴转速"为"6000"，"进给速率"为"2500.0"，"下刀速率"为"2000.0"，勾选"快速提刀"复选按钮，如图 9-22 所示。

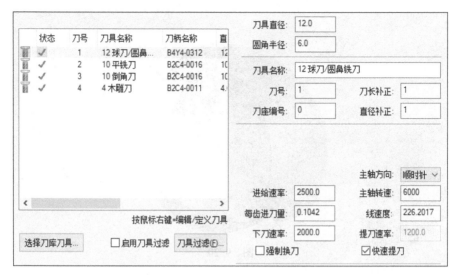

图 9-22

2）刀柄：选用"B4Y4-0312"，"刀具伸出长度"为"50.0"，如图 9-23 所示。

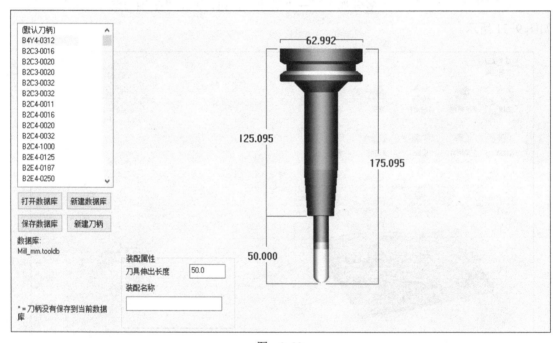

图 9-23

3）切削方式：单击 ▶（选择曲面）按钮，选择要加工的曲面，单击"结束选择"按钮，进入"曲面流线设置"对话框，单击"补正方向""切削方向"按钮，再单击 ✓ 按钮。"切削方向"选择"双向"，"补正方式"选择"电脑"，"补正方向"选择"左"，"刀尖补正"选择"刀尖"，"加工面预留量"为"0.0"；在"切削间距"选项组中，"距离"为"1.0"（实际加工按要求改小），如图 9-24 所示。

4）刀轴控制："刀轴控制"选择"从点"，单击 ▶（选择）按钮，选择用来刀轴控制的点（图 9-25 中①），返回"多轴刀路 - 沿面"对话框。"输出方式"选择"5 轴"，"轴旋转于"选择"Z 轴"，设置"前倾角"为"0.0"，"侧倾角"为"0.0"，勾选"添加角度"复选按钮，其值为"3.0"，"刀具向量长度"为"25.0"，如图 9-25 所示。

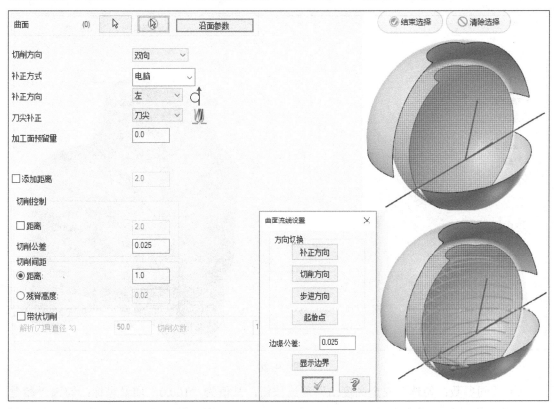

图　9-24

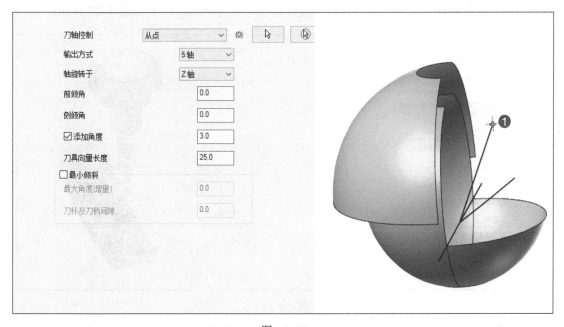

图　9-25

5）碰撞控制：在"干涉曲面"选项组中，单击 ▱ （干涉曲面）按钮，选择两个圆柱（图9-26中①、②），单击"结束选择"按钮。

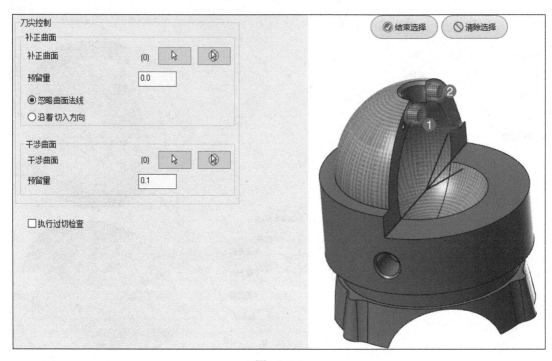

图 9-26

6）共同参数：勾选"安全高度…"复选按钮，其值为"100.0"增量坐标；勾选"参考高度…"复选按钮，其值为"10.0"增量坐标；"下刀位置…"为"2.0"增量坐标；在"两刀具切削间隙保持在"选项组中，设置"刀具直径%"为"300.0"，如图9-27所示。

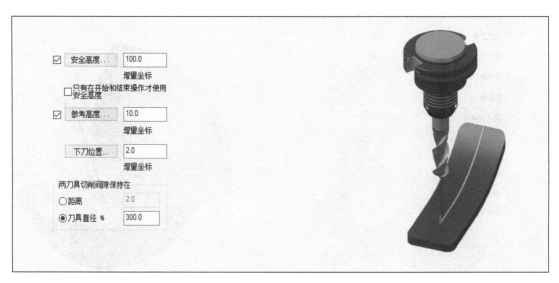

图 9-27

7）进/退刀：勾选"进/退刀""进刀曲线"复选按钮，"长度"为"3.0"，"厚度"

为"0.0"，"高度"为"3.0"，"进给率%"为"100.0"，"中心轴角度"为"0.0"，"方向"选择"左"，"退出曲线"参数设置同上，"熔接连接选项"选择"正垂面边缘"，如图9-28所示。

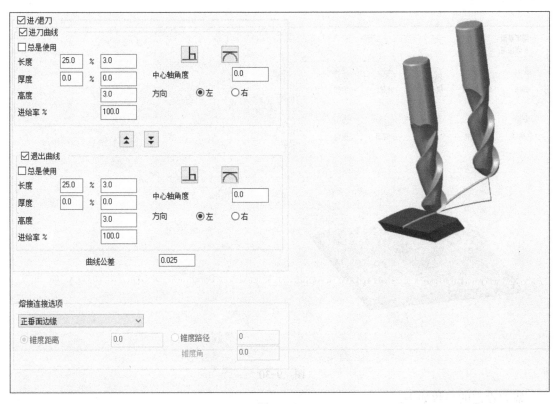

图 9-28

8）单击 ✓ 按钮，执行刀具路径运算，刀具路径运算结果如图9-29所示。

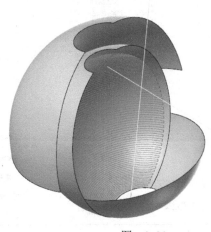

图 9-29

9.2.3　五轴精加工外圆

步骤：单击"刀路"→"多轴加工"→"平行"按钮，弹出"多轴刀路 - 平行"对话框，如图 9-30 所示。

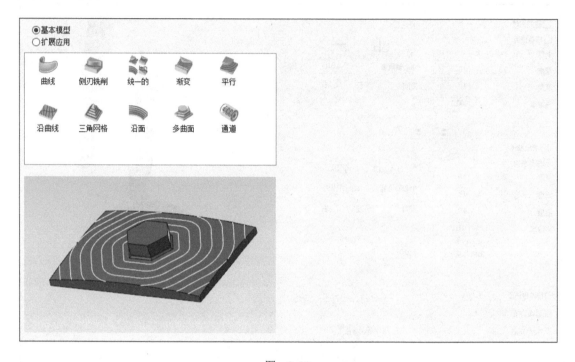

图　9-30

需要设定的参数如下：

1）刀具：新建 ϕ10mm 平铣刀，"主轴转速"为"5000"，"进给速率"为"2500.0"，"下刀速率"为"2000.0"，勾选"快速提刀"复选按钮，如图 9-31 所示。

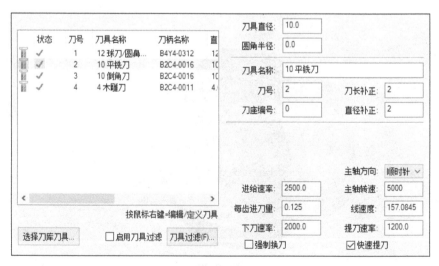

图　9-31

2）刀柄：选用"B2C4-0016"，"刀具伸出长度"为"50.0"，如图 9-32 所示。

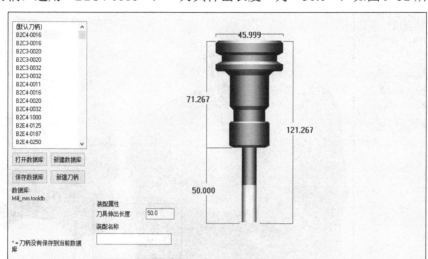

图　9-32

3）切削方式：在"平行到"选项组中，单击 （选择曲线）按钮，进入"实体串连"对话框，"模式"选择 （实体）按钮，单击"3D"单选按钮，"选择方式"选择 （单一边界）按钮，选择要平行到的曲线（图 9-33 中①），然后单击 按钮。在"加工面"选项组中，单击 （选择加工几何图形）按钮，选取要加工的曲面（图 9-33 中②），单击"结束选择"按钮。在"区域"选项组中，"类型"选择"完整精确开始与结束在曲面边缘"；在"步进量"选项组中，"最大步进量"为"3"，其他默认即可，如图 9-33 所示。

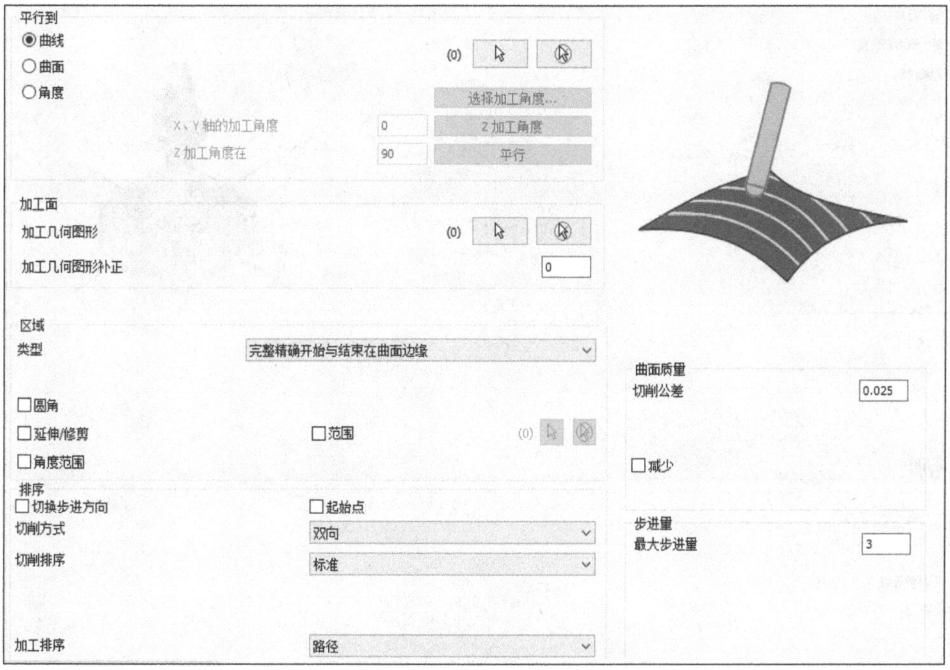

图　9-33

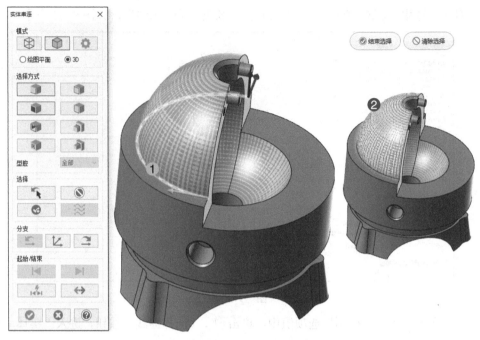

图 9-33（续）

4）刀轴控制："输出方式"选择"5 轴"，"最大角度步进量"为"3"，"刀轴控制"选择"曲面"，"刀具参考点"选择"自动"（若不想用刀具中心加工，选择使用指定点，向前偏移"1"，勾选到"4"），如图 9-34 所示。

图 9-34

5）碰撞控制：分别勾选"刀齿""刀肩""刀杆""刀柄"。"图形"勾选"避让几何图形"复选按钮，单击 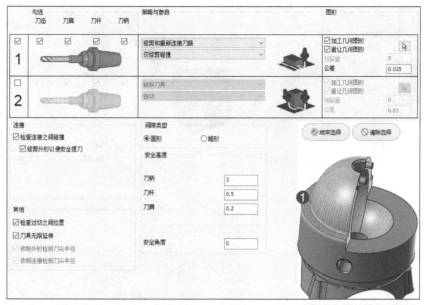（选择避让几何图形）按钮，选取半圆环面（图9-35中①），单击"结束选择"按钮，其他默认即可，如图9-35所示。

图　9-35

6）连接方式：在"进/退刀"选项组中，"开始点"选择"使用切入"，"结束点"选择"使用切出"；在"默认连接"选项组中，"小间隙"选择"平滑曲线"；在"安全区域"选项组中，"类型"选择"自动"。其他默认即可，在"切入""切出"选项组中，"类型"选择"切线"，"刀轴方向"选择"固定"，"长度"为"10"，如图9-36所示。

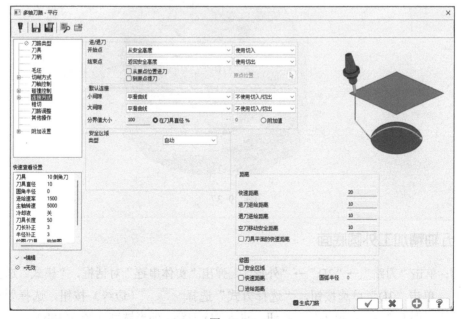

图　9-36

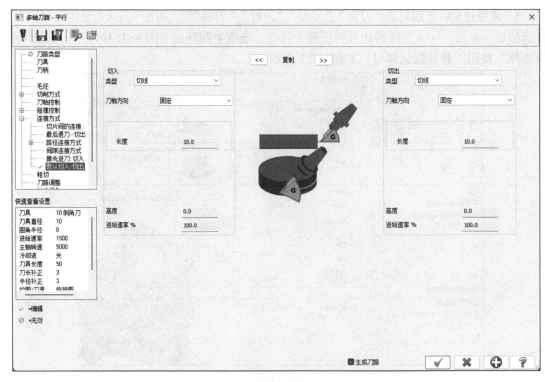

图 9-36（续）

7）单击 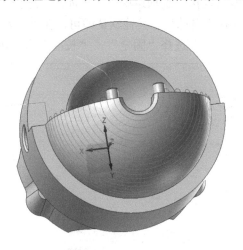 按钮，执行刀具路径运算，刀具路径运算结果如图 9-37 所示。

图 9-37

9.2.4 五轴精加工外圆底面

步骤：单击"刀路"→"2D"→"外形"，弹出"实体串连"对话框，"模式"选择 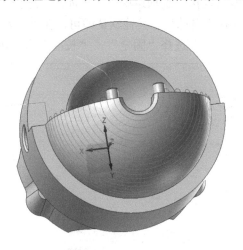（实体），单击"3D"单选按钮，"选择方式"选择 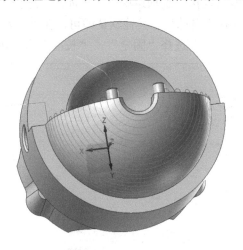（边缘）按钮，选择要加工的实体边界线（图 9-38a），单击 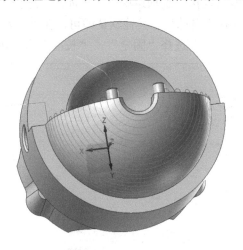 按钮，进入 2D 刀路 - 外形铣削（图 9-38b）。

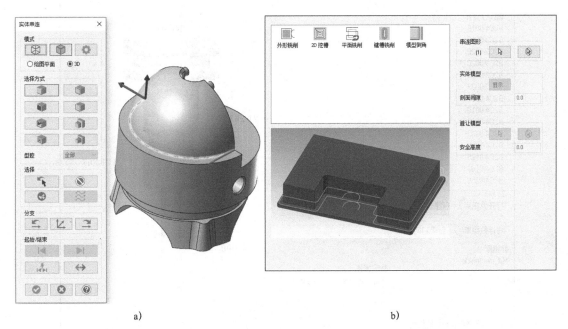

a)   b)

图　9-38

需要设定的参数如下：

1）刀具：新建 ϕ10mm 平铣刀，"主轴转速"为"5000"，"进给速率"为"2500.0"，"下刀速率"为"2000.0"，勾选"快速提刀"复选按钮，如图 9-39 所示。

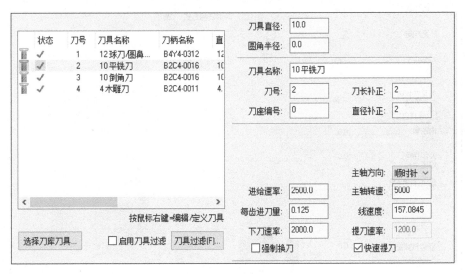

图　9-39

2）刀柄：选用"B2C4-0016"，"刀具伸出长度"为"50.0"，如图 9-40 所示。

3）切削参数："补正方式"选择"电脑"，"补正方向"选择"左"，"刀尖补正"选择"刀尖"，"外形铣削方式"选择"2D"，"壁边预留量"为"0.0"，"底面预留量"为"0.0"，如图 9-41 所示。

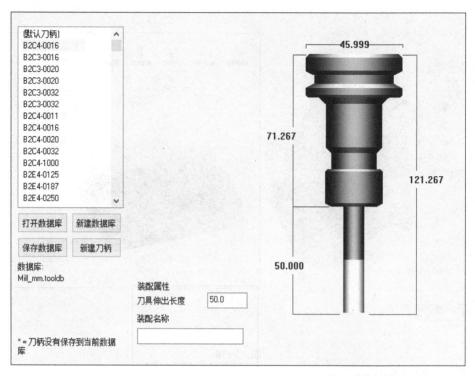

图 9-40

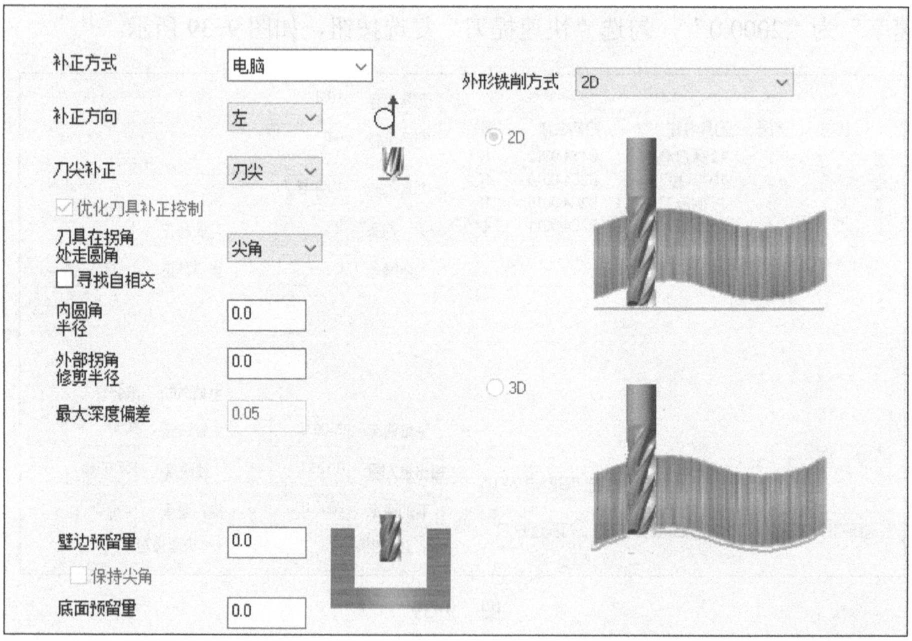

图 9-41

4）切削参数（进／退刀设置）：勾选"进／退刀设置"复选按钮，在"直线"选项组中，选择"相切"，"长度"为"10.0"，在"圆弧"选项组中，"半径"为"10.0"，"扫描角度"为"90.0"，"退刀"参数设置同上，如图 9-42 所示。

进/退刀设置
☑在封闭轮廓中点位置执行进/退刀　☑过切检查　　　　　　　　　重叠量 [0.0]

☑进刀	☑退刀
直线	直线
相切 ▽	相切 ▽
长度 [100.0] % [10.0]	长度 [100.0] % [10.0]
斜插高度 [0.0]	斜插高度 [0.0]
斜插角度 [3.0]	斜插角度 [3.0]
圆弧	圆弧
半径 [100.0] % [10.0]	半径 [100.0] % [10.0]
扫描角度 [90.0]	扫描角度 [90.0]
螺旋高度 [0.0]	螺旋高度 [0.0]
☐指定进刀点　☐使用指定点深度	☐指定退刀点　☐使用指定点深度
☐只在首次轴向分层切削进刀	☐只在最后一次轴向分层切削退刀
☐第一个移动后才下刀	☐最后移动前便提刀
☐改写进给速率 [2500.0]	☐改写进给速率 [2500.0]
☐调整轮廓起始位置	☐调整轮廓结束位置
长度 [75.0] % [7.5]	长度 [75.0] % [7.5]
◉延伸　○缩短	◉延伸　○缩短

图 9-42

5）共同参数：勾选"安全高度..."复选按钮，其值为"50.0"，勾选"增量坐标"单选按钮；"下刀位置..."为"10.0"，勾选"增量坐标"单选按钮；"毛坯顶部..."为"10.0"，勾选"增量坐标"单选按钮；"深度..."为"0.0"，勾选"增量坐标"单选按钮，如图 9-43 所示。

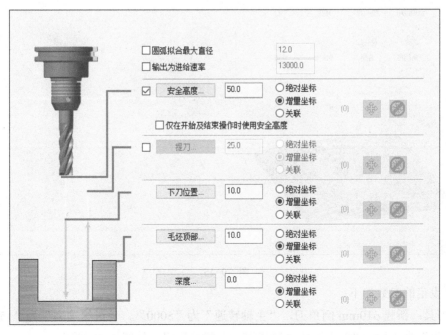

图 9-43

6）单击 ✓ 按钮，执行刀具路径运算，刀具路径运算结果如图 9-44 所示。

图　9-44

9.2.5　五轴精加工内圆圆环

步骤：单击"刀路"→"多轴加工"→"平行"按钮，弹出"多轴刀路 - 平行"对话框，如图 9-45 所示。

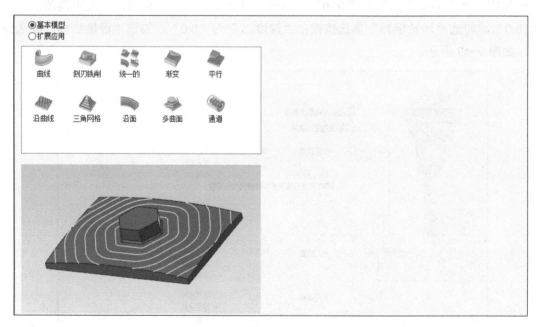

图　9-45

需要设定的参数如下：

1）刀具：新建 ϕ10mm 倒角刀，"主轴转速"为"5000"，"进给速率"为"1500.0"，"下刀速率"为"1000.0"，勾选"快速提刀"复选按钮，如图 9-46 所示。

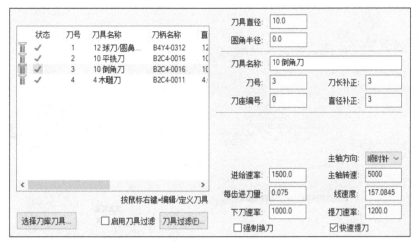

图　9-46

2）刀柄：选用"B2C4-0016"，"刀具伸出长度"为"50.0"，如图 9-47 所示。

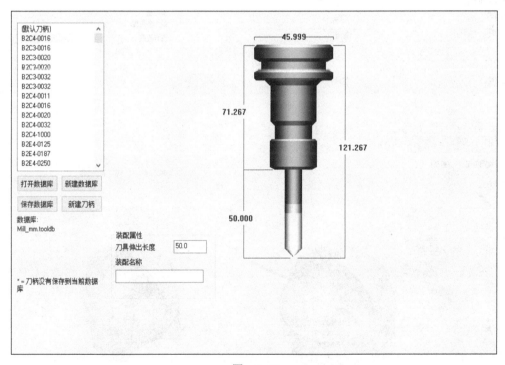

图　9-47

3）切削方式：在"平行到"选项组中，单击 🔲（选择曲线）按钮，进入"线框串连"对话框，"模式"选择 ⬡（线框）按钮，单击"3D"单选按钮，"选择方式"选择 🔗（串连）按钮，选择要平行到的曲线（图 9-48 中①），然后单击 ✓ 按钮。在"加工面"选项组中，单击 🔲（选择加工几何图形）按钮，选取要加工的曲面（图 9-48 中②），单击"结束选择"按钮。在"区域"选项组中，"类型"选择"完整精确开始与结束在曲面边缘"；在"步进量"选项组中，"最大步进量"为"3"，"加工排序"选择"区域"，其他默认即可，如图 9-48 所示。

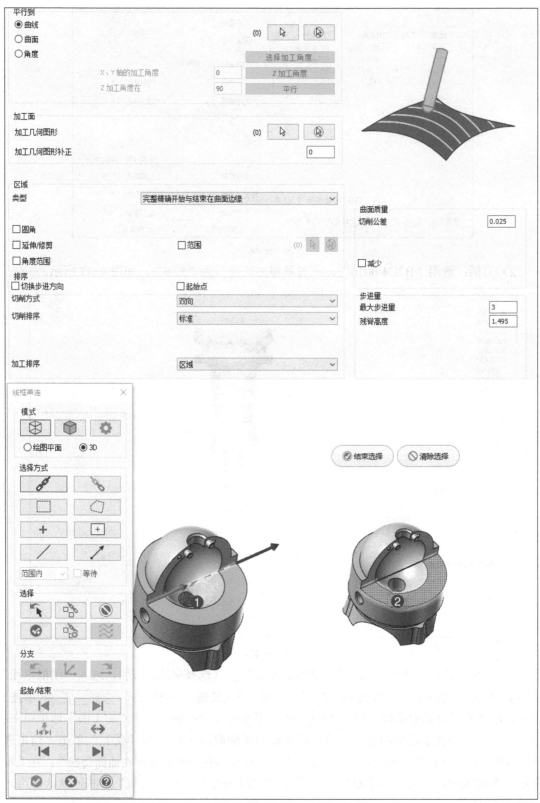

图 9-48

4）刀轴控制："输出方式"选择"5 轴"，"最大角度步进量"为"3"，"刀轴控制"选择"固定轴角度"，"倾斜角度"选择"-45""Z 轴"，勾选"保持倾斜"复选按钮，"刀具参考点"选择"自动"，如图 9-49 所示。

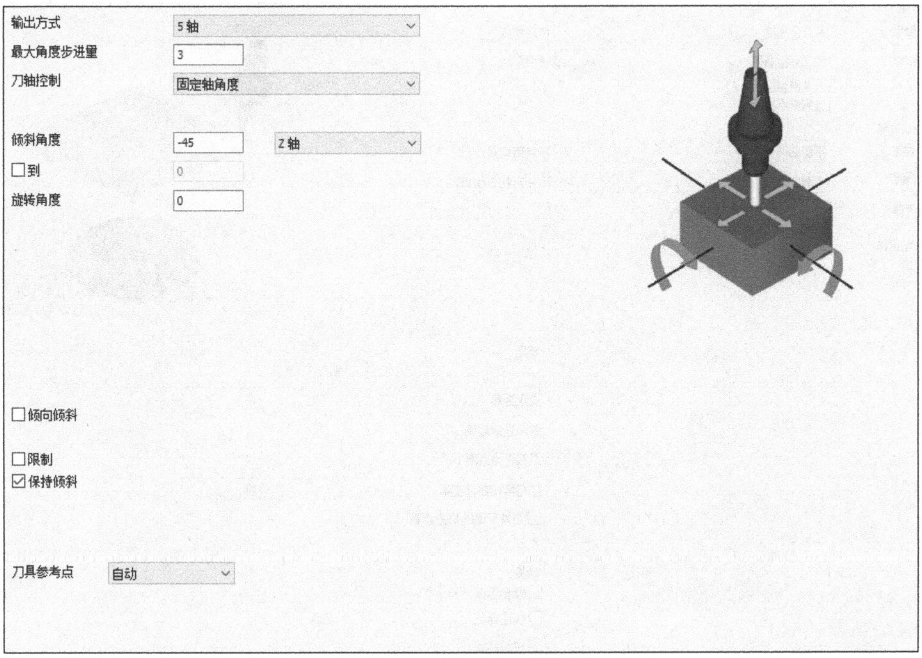

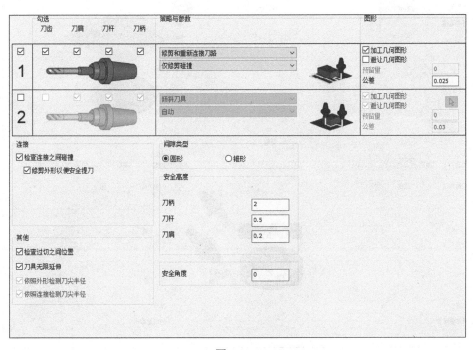

图　9-49

5）碰撞控制：分别勾选"刀齿""刀肩""刀杆""刀柄"，其他默认即可，如图 9-50 所示。

图　9-50

6）连接方式：在"进/退刀"选项组中，"开始点"选择"使用切入"，"结束点"选择"使用切出"；在"默认连接"选项组中，"小间隙"选择"平滑曲线"，"大间隙"选择"平滑曲线"；在"安全区域"选项组中，"类型"选择"自动"。其他默认即可，如图9-51所示。

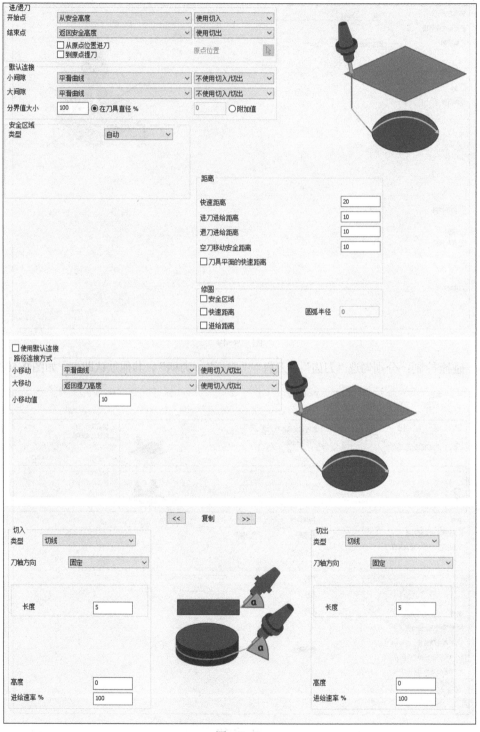

图　9-51

在"路径连接方式"选项组中，取消勾选"使用默认连接"复选按钮，"小移动"选择"平滑曲线""使用切入 / 切出"，"大移动"选择"返回提刀高度""使用切入 / 切出"，"小移动值"为"10"。

在"切入""切出"选项组中，"类型"选择"切线"，"刀轴方向"选择"固定"，"长度"为"5"。

7）单击  按钮，执行刀具路径运算，刀具路径运算结果如图 9-52 所示。

图　9-52

9.2.6　五轴刻字

步骤：单击"刀路"→"多轴加工"→"曲线"按钮，弹出"多轴刀路 - 曲线"对话框，如图 9-53 所示。

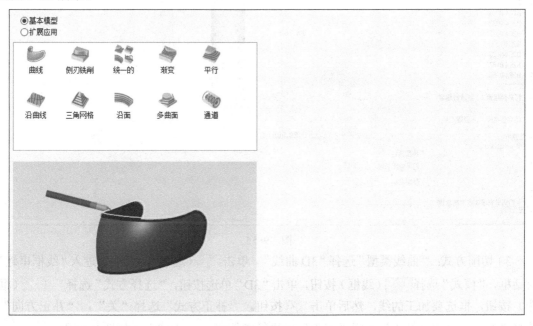

图　9-53

需要设定的参数如下：

1）刀具：新建 φ4mm 木雕刀，"主轴转速"为"8000"，"进给速率"为"600.0"，"下刀速率"为"600.0"，勾选"快速提刀"复选按钮，如图 9-54 所示。

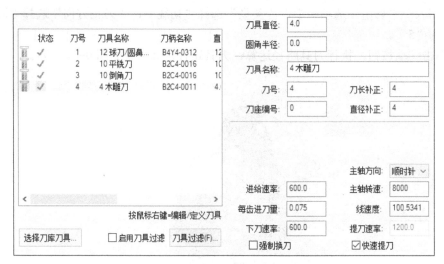

图 9-54

2）刀柄：选用"B2C4-0011"，"刀具伸出长度"为"20.0"，如图 9-55 所示。

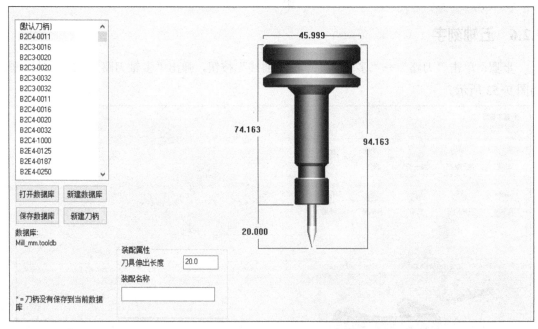

图 9-55

3）切削方式："曲线类型"选择"3D 曲线"，单击 （选取点）按钮，进入"线框串连"对话框，"模式"选择 （线框）按钮，单击"3D"单选按钮，"选择方式"选择 （框选）按钮，框选要加工的线，然后单击 按钮。"补正方式"选择"关"，"补正方向"选择"左"，"刀尖补正"选择"刀尖"，"径向偏移"为"0.0"，如图 9-56 所示。

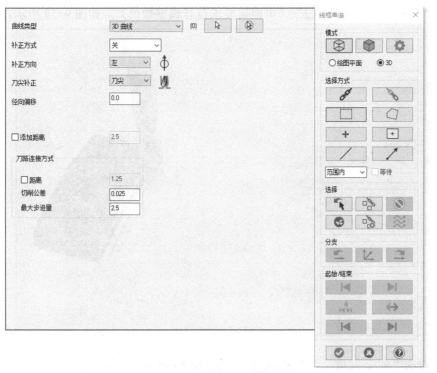

图 9-56

4）刀轴控制："刀轴控制"选择"曲面"，单击 （选取）按钮，选择刀轴控制曲面（图9-57中①），单击"结束选择"按钮。"输出方式"选择"5轴"，"轴旋转于"选择"Z轴"，设置"前倾角"为"0.0"，"侧倾角"为"0.0"，"刀具向量长度"为"25.0"，如图9-57所示。

图 9-57

5）碰撞控制："向量深度"为"–0.2"（可根据要求自行调整数值），如图 9-58 所示。

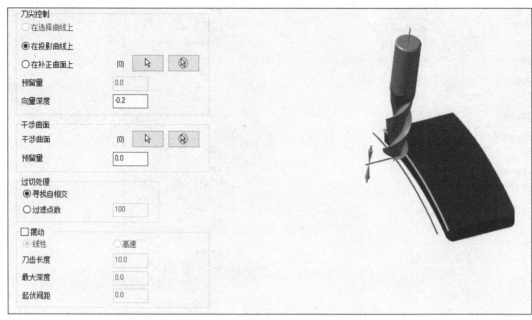

图 9-58

6）共同参数：勾选"安全高度..."复选按钮，其值为"100.0"增量坐标；勾选"参考高度..."复选按钮，其值为"10.0"增量坐标；"下刀位置..."为"2.0"增量坐标；在"两刀具切削间隙保持在"选项组中，"距离"为"1.0"，如图 9-59 所示。

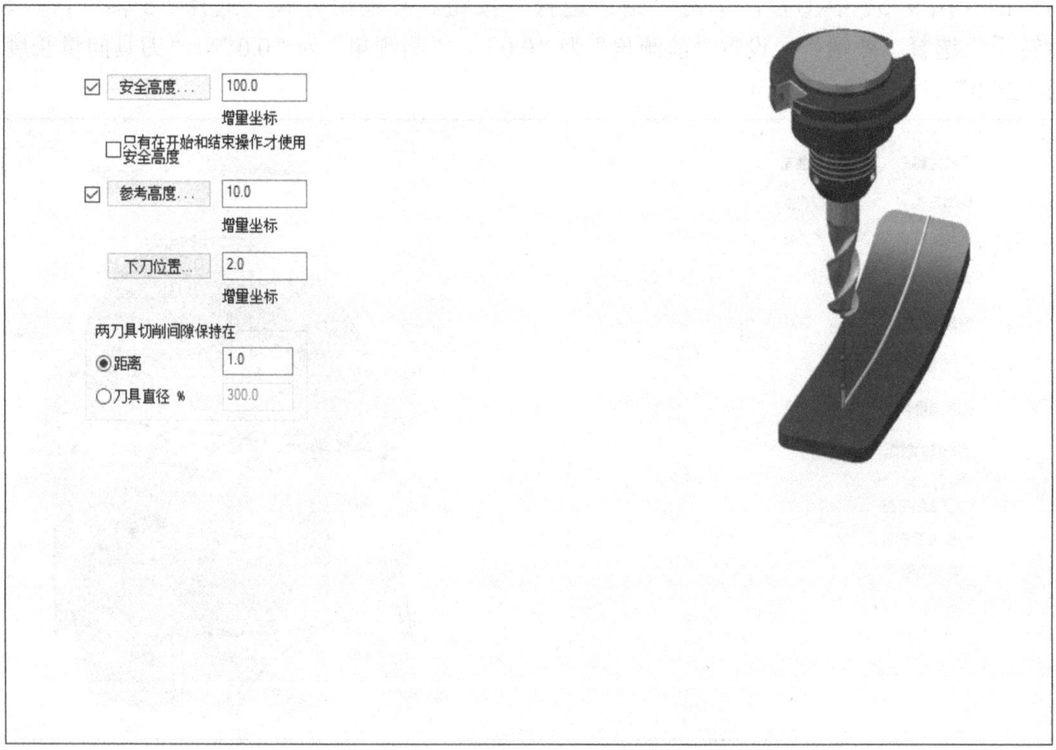

图 9-59

7）单击 ✓ 按钮，执行刀具路径运算，设置好毛坯，刀具路径实体仿真效果如图 9-60 所示。

图　9-60

9.3　工程师经验点评

如果刀具路径旋转轴超程或者因为角度过大而发生碰撞，通过刀轴控制，限制转动角度值，并在碰撞控制里把机床工作台和夹具一起添加到干涉曲面中，并设预留量，刀柄也要设置准确。建议使用 VERICUT 模拟仿真。

第10章　Mastercam 后处理应用实例

10.1　后处理器组态系统的工作流程

把刀位数据文件转换成指定数控机床能执行的数控程序的过程就称为后处理。后处理是连接软件与机床设备的重要环节之一，承担着将软件数据转换为机床设备能识别的 NC 代码的重要任务。

Mastercam 后处理前置需要准备的数据信息如下：

1）机床定义参数：机床轴系组合、轴行程参数、轴最大进给参数等。

2）控制定义参数：公差、圆弧控制、进给率控制方式等。

3）刀具参数：类型、直径、切削参数等。

4）刀具路径参数：路径名称、加工余量、刀轴控制方式等。

5）每条刀具路径的 NCI 数据，包含刀具信息、加工点位信息、切削参数、操作参数等信息的中间数据。

6）pst 文件，转换为 NC 文件所需的数据。

10.1.1　Mastercam 的后处理模块编译器

利用 Mp.dll 程序，将机床定义、刀具、刀具路径等参数与机床控制定义、NCI 数据、PST 文件进行汇总，然后完成 NC 代码的编译过程，如图 10-1 所示。

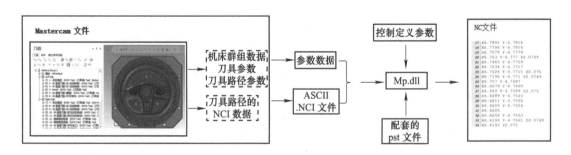

图　10-1

在 Mastercam 界面中，调用后处理"G1"实现 NC 代码输出的参数说明：

1）在刀路管理界面，通过"G1"功能对选取的刀具路径产生 NC 代码或者 NCI 数据文件。

2）NC 文件输出方式：

① 覆盖：以现图档名称为文件名，直接在默认路径输出 NC 文件。

② 询问：指定 NC 文件名、文件存储路径。

③ 编辑：对输出的 NC 代码，以文本编辑打开，实现文件再编辑。

④ 传输到机床：利用传输工具直接将 NC 文件传输至机床。

⑤ NCI 文件：用于 NCI 文件的输出。

3）NC/NCI 输出模式也可以在机床控制参数中进行设置。

4）确认输出之后，将会生成与机床控制器相匹配的 NC 文件，如图 10-2 所示。

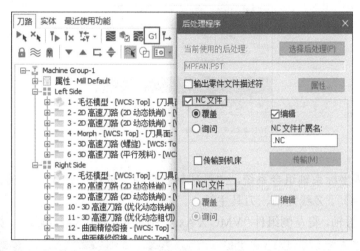

图　10-2

10.1.2　工程师经验点评

理解、掌握后处理器组态系统的工作流程为生成符合加工需求的 NC 代码文件奠定了理论基础。如何有效关联各子系统、协调处理相互之间的信息传递是掌握 Mastercam 后处理技术的关键。

MP 编程语言是整个组态系统中的重要表达方式，也是掌握后处理技术的主要突破点之一。pst 文件依托于 MP 语言平台，结合机床控制器系统、NCI 数据，直接编译生成符合加工要求的 NC 代码程序；掌握 pst 文件的编写是解决 Mastercam 后处理问题的主要途径。

10.2　Mastercam 四轴后处理配置应用实例

在 NC 代码生成过程中，机床群组数据参数、控制定义参数、pst 文件是构建整个后处理器组态系统的关键参数，以上参数需要结合目标机床结构及控制器信息进行配置。

在创建各组态系统之前，需要了解机床结构及其加工形式。由于机床生产商、控制系统生产商不同，参照的加工形式主要有刀具轴摆动、工件转动两种；参照的机床结构主要有立式四轴、卧式四轴两种。

本实例以立式四轴结构、工件转动为模板，讲解四轴后处理组态系统的创建方法。

常见立式四轴机床坐标轴系结构如图 10-3 所示。

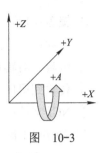

图 10-3

10.2.1 编程详细操作步骤

1. 创建机床群组文件、控制器文件

1）单击"机床"→"机床定义"，新建铣床文件，如图 10-4 所示。

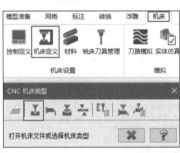

图 10-4

2）搭建机床坐标系轴组合系统，"铣床转台群组"依次创建 X 线性轴、Y 线性轴、工作台、旋转轴（A）、Z 线性轴、刀具主轴。

①创建 X 线性轴，将左侧组件"VMC X Axis"拖放至"铣床转台群组"，如图 10-5 所示。

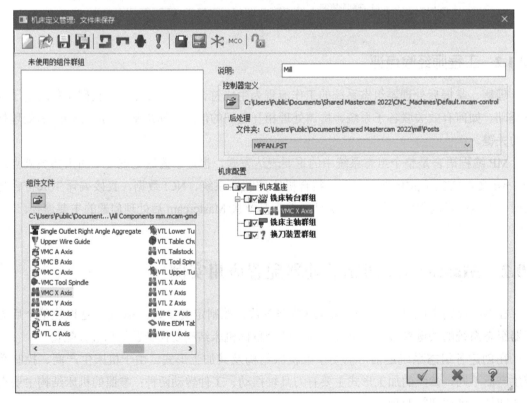

图 10-5

②创建 *Y* 线性轴，将左侧组件"VMC Y Axis"拖放至"VMC X Axis"组件下，如图 10-6 所示。

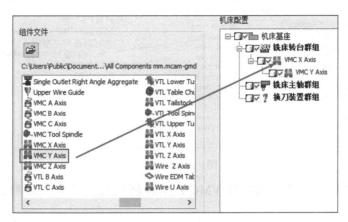

图　10-6

③创建机床铣削加工工作台，将左侧组件"Mill Machine Table"拖放至"VMC Y Axis"组件下，如图 10-7 所示。

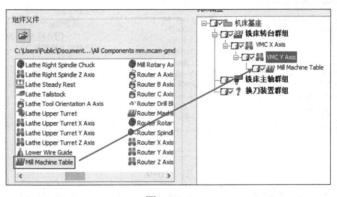

图　10-7

④创建机床第四轴（VMC A Axis），添加四轴卡盘夹具组件（Mill Rotary Axis Chuck），如图 10-8 所示。

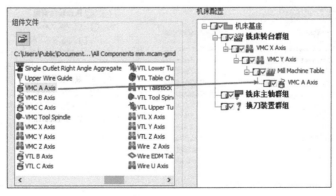

图　10-8

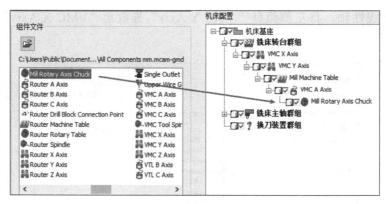

图 10-8（续）

⑤ 创建 Z 线性轴，将左侧组件 VMC Z Axis 拖放至"铣床主轴群组"组件下，如图 10-9 所示。

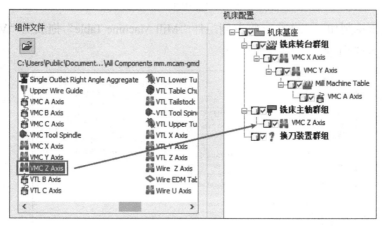

图 10-9

⑥ 创建刀具主轴，将左侧组件"VMC Tool Spindle"拖放至"VMC Z Axis"组件下，如图 10-10 所示。

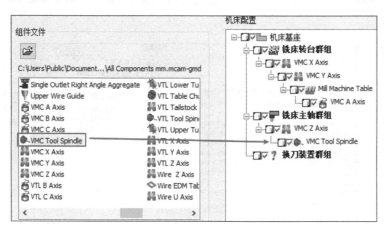

图 10-10

3）进行线性轴、旋转轴属性设置，如线性轴行程、旋转轴行程、旋转引导字符、旋转轴计算方式等属性参数。

线性轴属性参数设置：右击线性轴组件→"属性"，设置相关参数，如图 10-11 所示。

①机床坐标：轴绝对坐标 / 相对坐标引导字符。

②正轴方向（世界坐标系）：选择线性轴方向。

③限制行程 / 定义轴位置：设定线性轴行程极限及零位。

④快速转换速度：定义线性轴速度。

⑤转换成毫米 / 分、转换成英寸 / 分可进行公英制的一键转换。

4）刀具主轴属性参数设置，如图 10-12 所示。

①最小主轴转速：设定主轴最小转速值。

②最大主轴转速：设定主轴最大转速值。

③主轴刀具方向：视图平面的法向方向。

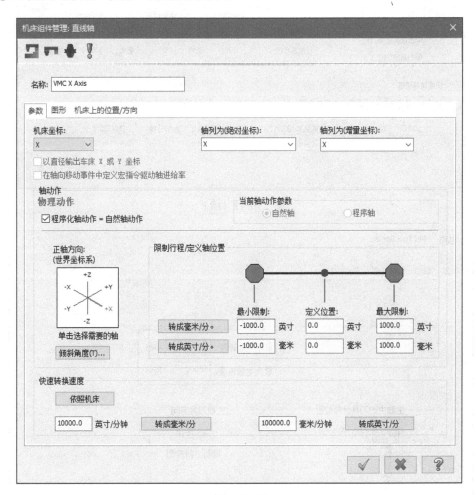

图 10-11

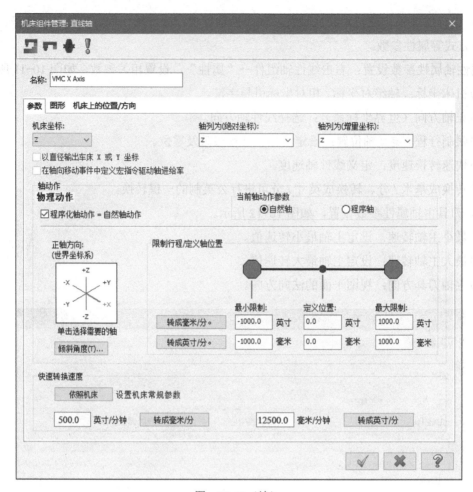

图 10-11（续）

图 10-12

5）第四轴参数设置，如图 10-13 所示。

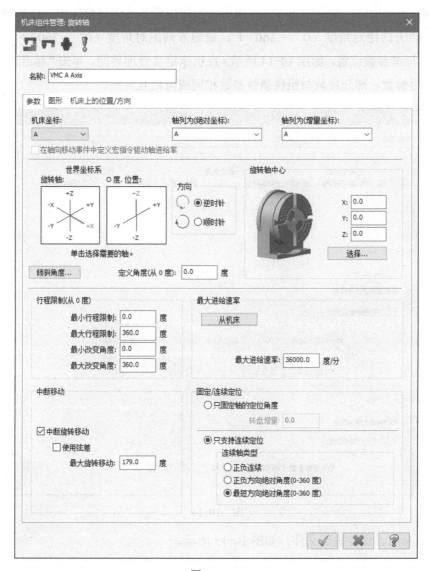

图　10-13

①机床坐标：第四轴旋转轴引导字符。

②旋转轴：第四轴围绕旋转的线性轴。

③0 度位置：第四轴的零度位置。

④方向：第四轴的旋转方向，根据右手定则确定。

⑤旋转轴中心：与编程回转中心位置有关，一般设置为（0，0，0）。

⑥倾斜角度：一般用于轴与线性轴有一定角度的情况。

⑦行程限制：旋转轴最大、最小行程设置。

⑧最大进给速率：旋转轴最大进给速率，默认单位为度／分，可在控制定义中进行转换输出方式。

⑨中断移动：中断轴旋转条件设定，主要与第四轴就近返回设定有关。

⑩固定 / 连续定位：定位输出方式，固定角度输出或者连续定位输出；连续轴类型分为正负连续，负方向绝对角度（0°～360°），最短方向绝对角度（0°～360°）。

6）机床标准参数设置，如图 10-14 所示。在机床定义管理界面，单击"标准机床参数"，设置机床通用参数，部分参数与组件属性参数相同或可相互转换。

图 10-14

7）重新命名，保存机床文件，如图 10-15 所示。

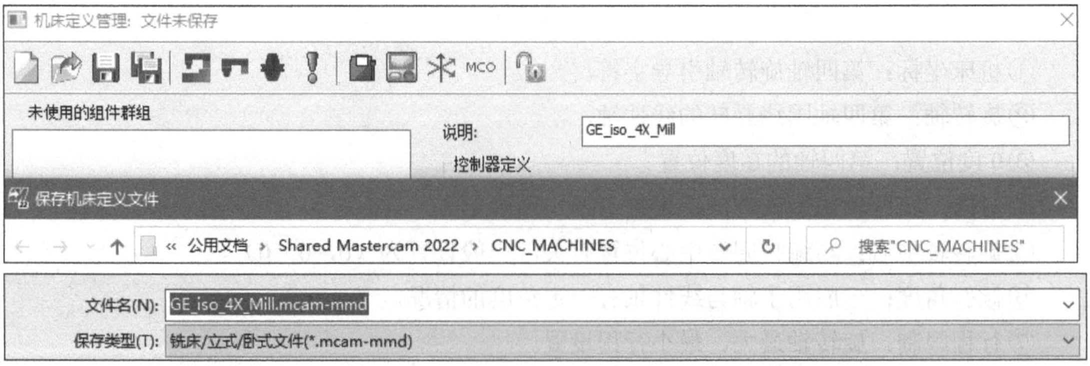

图 10-15

2. 创建、定义控制定义文件

1）打开控制定义文件，右击 "default.MCAM-CONTROL" 依次单击 "复制" "粘贴" "重命名"（与控制定义文件名一致），选取重命名后的文件作为控制定义文件，如图 10-16 所示。

图　10-16

2）定义处理文件，打开 "后处理" → 右击 "mpfan.pst" 依次单击 "复制" "粘贴" "重命名"（与控制定义文件名一致），选取重命名后的文件作为后处理文件，删除原有路径，单击 ✓ 按钮，如图 10-17 所示。

图　10-17

3）确认、保存控制定义文件，如图 10-18 所示。

图　10-18

4）定义控制定义文件，进行公差设置、NC 输出、圆弧、进给速率、文本等参数设置，如图 10-19 所示。各参数说明如下：

①公差设置：设置系统环境公差值，用于 NCI 数据输出。

②NC 输出：用于文件输出属性的设置，包含行号、数据结尾、说明信息输出等。

③圆弧：包括圆弧输出方式参数、螺旋铣削输出、圆心形式、打断圆弧方式等。

④进给速率：第四轴进给方式输出，有度 / 分钟或者单位 / 分钟；第四轴进给方式主要是指四轴联动时以恒定速率或角速度变化调整进给量。

⑤文本：用于杂项变量定义、插入特殊指令、钻孔循环特殊参数的定义。

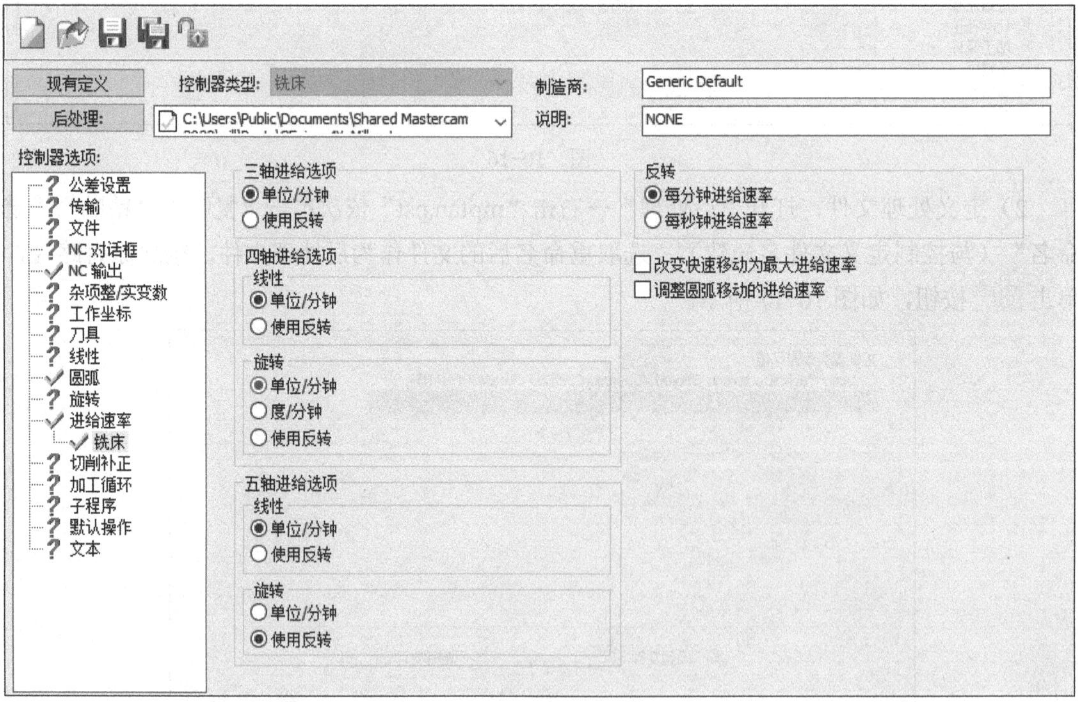

图　10-19

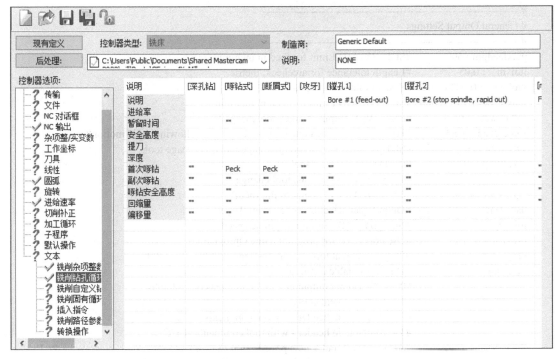

图 10-19（续）

3. 修改 pst 文件

1）用自带代码编辑器或者其他文本编辑器打开控制定义的 pst 文件，如图 10-20 所示。

```
[POST_VERSION] #DO NOT MOVE OR ALTER THIS LINE# V24.00 P0 E1 W24.00 T1610375515 M24.00 I0 O1
scncpost_revision      := "24.89" # Internal revision number for use by CNC Software only.  Please do not change this number.
scustpost_revision     := "0"  # Revision number for use by Resellers or customers.
# Post Name        : MPFAN.pst
# Product          : Mill
# Machine Name     : Generic
# Control Name     : Fanuc
# Description      : Generic 4 Axis Mill Post
# 4-axis/Axis subs. : Yes
# 5-axis           : No
# Subprograms      : Yes
# Executable       : mp.dll
#
# WARNING: THIS POST IS GENERIC AND IS INTENDED FOR MODIFICATION TO
# THE MACHINE TOOL REQUIREMENTS AND PERSONAL PREFERENCE.
#
# THIS POST REQUIRES A VALID 3 OR 4 AXIS MACHINE DEFINITION.
# YOU WILL RECEIVE AN ERROR MESSAGE IF MORE THAN ONE ROTARY AXIS IS DETECTED IN
# THE ACTIVE AXIS COMBINATION WITH READ_MD SET TO YES.
#
# Associated File List$
#
# default.mcam-control
# MILL DEFAULT.mcam-mmd
# MILL DEFAULT MM.mcam-mmd
```

图 10-20

2）后处理版本信息说明如下：

[POST_VERSION] #DO NOT MOVE OR ALTER THIS LINE# V24.00 P0 E1 W24.00 T1610375515 M24.00 I0 O1

scncpost_revision := "24.89" # Internal revision number for use by CNC Software only. Please do not change this number.

scustpost_revision := "0" # Revision number for use by Resellers or customers.

3）通用信息输出设置如下：

```
# -------------------------------------------------------------------
# General Output Settings
# -------------------------------------------------------------------
maxfeedpm : 500          #SET_BY_MD Limit for feed in inch/min
ltol_m    : 0.05         #Length tolerance for arccheck, metric
vtol_m    : 0.0025       #System tolerance, metric
maxfeedpm_m : 10000      #SET_BY_MD Limit for feed in mm/min
force_wcs  : yes$        #Force WCS output at every toolchange?
force_feed : yes$        #Force output of feed rate on first feed move following rapid motion?
stagetool  : 0           #SET_BY_CD 0 = Do not pre-stage tools, 1 = Stage tools
stagetltype : 1          #0 = Do not stage 1st tool
                         #1 = Stage 1st tool at last tool change
                         #2 = Stage 1st tool at end of file (peof)
use_gear   : 0           #Output gear selection code, 0=no, 1=yes
min_speed  : 50          #SET_BY_MD Minimum spindle speed
progname$  : 1           #Use uppercase for program name (sprogname)
prog_stop  : 1           #Program stop at toolchange: 0=None, 1=M01, 2 = M00
tool_info  : 2           #Output tooltable information?
                         #0 = Off - Do not output any tool comments or tooltable
                         #1 = Tool comments only
                         #2 = Tooltable in header - no tool comments at T/C
                         #3 = Tooltable in header - with tool comments at T/C
tlchg_home : no$         #Zero return X and Y axis prior to tool change?
                         # The following three initializations are used for full arc and helix arc output #hen the CD
#is et to output R or signed R for arcs
arctype$   : 2           #Arc center type XY plane 1=abs, 2=St-Ctr, 3=Ctr-St, 4=unsigned inc.
arctypexz$ : 2           #Arc center type XZ plane 1=abs, 2=St-Ctr, 3=Ctr-St, 4=unsigned inc.
arctypeyz$ : 2           #Arc center type YZ plane 1=abs, 2=St-Ctr, 3=Ctr-St, 4=unsigned inc.
```

上述文档中关键参数如下：

maxfeedpm_m 变量主要用于设定最大进给率设置，默认全局最大输出进给速度为 10000 mm/min。

min_speed 变量主要用于设定主轴最小转速。

4）第四轴旋转轴参数设置如下：

```
# Rotary Axis Settings
# -------------------------------------------------------------------
read_md  : no$           #Set rotary axis switches by reading Machine Definition?
vmc      : 1             #SET_BY_MD 0 = Horizontal Machine, 1 = Vertical Mill
rot_on_x : 1             #SET_BY_MD Default Rotary Axis Orientation
                         #0 = Off, 1 = About X, 2 = About Y, 3 = About Z
rot_ccw_pos : 0          #SET_BY_MD Axis signed dir, 0 = CW positive, 1 = CCW positive
index    : 0             #SET_BY_MD Use index positioning, 0 = Full Rotary, 1 = Index only
ctable   : 5             #SET_BY_MD Degrees for each index step with indexing spindle
use_frinv : no$          #SET_BY_CD Use Inverse Time Feedrates in 4 Axis, (0 = no, 1 = yes)
maxfrdeg   : 2000        #SET_BY_MD Limit for feed in deg/min
maxfrinv   : 999.99      #SET_BY_MD Limit for feed inverse time
maxfrinv_m : 99.99       #SET_BY_MD Maximum feedrate - inverse time
frc_cinit  : yes$        #Force C axis reset at toolchange
ctol     : 225           #Tolerance in deg. before rev flag changes
ixtol    : 0.01          #Tolerance in deg. for index error
```

```
frdegstp    : 10          #Step limit for rotary feed in deg/min
rot_type : 1              #SET_BY_MD Rotary type - 0=signed continuous, 1=signed absolute, 2=shortest direction
force_index : no$         #Force rotary output to index mode when tool plane positioning with a full rotary
use_rotmcode : 0          #Output M-Code for Axis direction (sindx_mc)
                          #0 = Signed direction (only valid when rot_type = 1)
                          #1 = M-Code for direction
toolismetric    : 0       #flag that tool is metric
tap_feedtype    : 1       #0 = Units Per Minute (G94)
                          #1 = Units Per Revolution (G95)

                          #Rotary Axis Label options
use_md_rot_label : no$    #Use rotary axis label from machine def? - Leave set to 'no' until available
  srot_x      : "A"       #Label applied to rotary axis movement - rotating about X axis - used when use_md_
rot_label = no
  srot_y      : "B"       #Label applied to rotary axis movement - rotating about Y axis - used when use_md_
rot_label = no
  srot_z      : "C"       #Label applied to rotary axis movement - rotating about Z axis - used when use_md_
rot_label = no
  sminus      : "-"       #Address for the rotary axis (signed motion)
  #Axis locking
  use_rot_lock : no$      #Use rotary axis lock/unlock codes
```

上述文档中的关键参数说明如下：

"read_md"变量是旋转轴参数从机床定义文件读取的开关状态，"yes$"打开参数读取，"no$"关闭参数读取。参数设定为"yes$"，如果设定为"no$"需要设定下面有关参数。

① "vmc"变量用于机床结构设定，机床结构主要有立式、卧式两种。

② "rot_on_x"变量设定第四轴旋转依托的线性轴，有 X、Y、Z 三个设定参数。

③ "rot_ccw_pos"变量用于设定第四轴的旋转方向，有 CW、CCW 两种，设定原则参照笛卡儿坐标系的右手定则设定。

④ "rot_type"变量用于设定第四轴旋转方式的计算，设定为 0 是连续旋转输出、设定为 1 是单一方向绝对、设定为 2 是按照最短路径输出，设定变量值为 2。

⑤ "tap_feedtype"变量用于设定螺纹攻螺纹时采用的加工方式，设定为 0 时是单位 / 分钟，设定为 1 时是单位 / 转。

⑥ "use_rot_lock"变量用于定义是否开启第四轴锁紧 / 松开指令，设定为"yes$"时需要设定相应的 M 代码，如图 10-21 所示。

```
# Rotary axis lock/unlock
sunlock  : "M11"    #Unlock Rotary Axis
slock    : "M10"    #Lock Rotary Axis
srot_lock : ""      #Target string

fstrsel sunlock rot_locked srot_lock 2 -1
```

图 10-21

5）保存文本，完成创建常用立式四轴后处理系统设置。

10.2.2　工程师经验点评

本实例为通用型立式四轴铣床处理组态系统的创建方式，受控制器系统和设备操作人员工作习惯的影响，部分专有功能需要定制性开发。

1）编制加工程序时，如果遇到定向加工，需要将加工定向平面的坐标原点移动到 WCS 原点，且 X 坐标轴方向与 WCS 一致。

2）零件加工零点一般放置到零件回转中心。

10.3 Mastercam 五轴后处理配置应用实例

由于机床生产商、控制系统生产商不同，五轴机床结构有多种组合方式。参照回转轴轴线空间位置关系分为正交机床和非正交机床两类；参照机床结构划分，主要有双转台（Table/Table）、摆头＋转台（Tilt Head/Table）、双摆头（Head/Head）、非正交双转台（Nutator Table/Table）、非正交摆头＋转台（Tilt Head/Table）、非正交双摆头（Nutator Head/Head）六种常见机构。

本实例以立式双转台结构（AC）、工件转动为模板讲解通用五轴后处理器组态系统的创建方法。

10.3.1 机床信息

机床结构：AC 双转台正交机床

机床行程参数：X、Y、Z 分别为 250mm、270mm、300mm；A 为 $-110° \sim 110°$，C 为 $-360° \sim 360°$。

机床坐标系及旋转轴方向如图 10-22 所示。

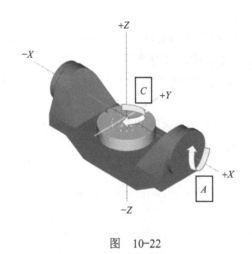

图 10-22

10.3.2 创建立式双转台五轴后处理器组态系统

1. 定义机床文件、控制定义文件及后处理文件

1）定义机床文件，依据机床信息创建机床文件，说明信息为"TABLE/TABLE_5-AXIS"，

如图 10-23 所示。

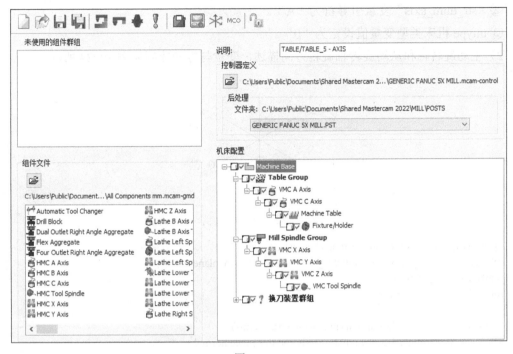

图　10-23

2）定义控制定义文件：GENERIC FANUC 5X MILL.mcam-control。

3）定义后处理文件：Generic Fanuc 5X Mill.PST。

2. 修改 PST 文件

1）定义机床类型、引导符修改，在打开的 PST 文件中找到如下内容：

```
# 5 Axis Rotary Settings
# --------- ------------------------------------------------------------
#Assign axis address
str_pri_axis : "C"
str_sec_axis : "B"
str_dum_axis : "A"

#Toolplane mapped to top angle position strings
str_n_a_axis : "A"
str_n_b_axis : "B"
str_n_c_axis : "C"

#Machine rotary routine settings
mtype        : 0    #Machine type (Define base and rotation plane below)
                    #0 = Table/Table
                    #1 = Tilt Head/Table
                    #2 = Head/Head
                    #3 = Nutator Table/Table
                    #4 = Nutator Tilt Head/Table
                    #5 = Nutator Head/Head
head_is_sec : 1     #Set with mtype 1 and 4 to indicate head is on secondary
```

① "str_sec_axis" 变量引导符为 "B"。

② "str_dum_axis" 变量引导符为 "A"。

③ mtype 机床类型变量值设定为 "0"。

2）主动旋转轴和从动旋转轴旋转方向描述，变量与方向控制如图 10-24 所示。

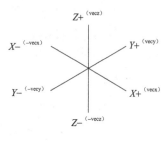

图　10-24

```
#Primary axis angle description (in machine base terms)
#With nutating (mtype 3-5) the nutating axis must be the XY plane
rotaxis1$ = vecy  #Zero
rotdir1$  = vecx  #Direction

#Secondary axis angle description (in machine base terms)
#With nutating (mtype 3-5) the nutating axis and this plane normal
#are aligned to calculate the secondary angle
rotaxis2$ = vecz  #Zero
rotdir2$  = vecx  #Direction
```

① "rotdir1$" 变量值修改为 "-vecx"。

② "rotdir2$" 变量值修改为 "-vecy"。

3）旋转轴角度输出设定如下：

```
#Output formatting
top_map      : 0    #Output toolplane toolpaths mapped to top view
                    #The post must have code added for your machine control
pang_output : 2     #Angle output options, primary
sang_output : 0     #Angle output options, secondary
                    #0 = Normal angle output
                    #1 = Signed absolute output, 0 - 360
                    #2 = Implied shortest direction absolute output, 0 - 360
```

① "pang_output" 变量参数值设定为 2，绝对值为 0°～360° 最短行程输出。

② "sang_output" 变量参数值设定为 0，倾斜轴正负连续输出。

4）旋转轴行程设定参数如下：

```
#Rotary axis travel limits, always in terms of normal angle output
#Set the absolute angles for axis travel on primary
pri_limlo$  : -9999
pri_limhi$  : 9999
#Set intermediate angle, in limits, for post to reposition machine
pri_intlo$  : -9999
pri_inthi$  : 9999
```

```
#Set the absolute angles for axis travel on secondary
sec_limlo$  : -9999
sec_limhi$  : 9999
#Set intermediate angle, in limits, for post to reposition machine
sec_intlo$  : -9999
sec_inthi$  : 9999
```

① 主要旋转轴 C 轴有三种可选方式：正负方向连续输出角度、正负方向绝对角度 0°～360°、最短方向绝对角度 0°～360°。

② 正负连续输出如下：

```
pri_limlo$  : -9999
pri_limhi$  : 9999
#Set intermediate angle, in limits, for post to reposition machine
pri_intlo$  : -9999
pri_inthi$  : 9999
```

③ 正负方向绝对角度 0°～360° 如下：

```
pri_limlo$  : -360
pri_limhi$  : 360
#Set intermediate angle, in limits, for post to reposition machine
pri_intlo$  : -360
pri_inthi$  : 360
```

④ 最短方向绝对角度 0°～360° 如下：

```
pri_limlo$  : 0
pri_limhi$  : 360
#Set intermediate angle, in limits, for post to reposition machine
pri_intlo$  : 0
pri_inthi$  : 360
```

⑤ 从动旋转轴 A 轴行程设定如下：

```
#Set the absolute angles for axis travel on secondary
sec_limlo$  : -110
sec_limhi$  : 110
#Set intermediate angle, in limits, for post to reposition machine
sec_intlo$  : -110
sec_inthi$  : 110
```

5）从动旋转轴超出行程的处理方式如下：

```
#Rotary axis limits
adj2sec    : 1    #Attempt to adjust the primary axis from secondary?
                 #Allows primary axis to flip 180 to satisfy secondary
                 #0 = Off
                 #1 = Use method when secondary is out of limit
                 #Use with pri_limtyp = one to keep secondary as controlling
                 #limit when limit tripped
                 #Use with pri_limtyp = two to allow 180 degree reposition
```

6）定向加工时轴锁紧开关及代码设定如下：

```
use_clamp  : 0    #Use the automatic clamp Mcode
```

```
# Primary axis lock/unlock
spunlock : "M79"     #Unlock Rotary Table
splock   : "M78"     #Lock Rotary Table
s_plock  : ""        #Target string

fstrsel spunlock p_lock s_plock 2 -1
# -----------------------------------------------------------------
# Secondary axis lock/unlock
ssunlock : "M11"     #Unlock Rotary Table
sslock   : "M10"     #Lock Rotary Table
s_slock  : ""        #Target string

fstrsel ssunlock s_lock s_slock 2 -1
```

① "use_clamp"参数设定为 0 是关闭自动锁紧代码、设定为 1 是开启自动锁紧代码。

② "旋转轴锁紧 / 松开的 M 代码可根据机床生产设定的代码格式进行调整，如主要旋转轴的松开代码为 M51、锁紧代码为 M50，参数设定如下：

```
# Primary axis lock/unlock
spunlock : "M51"     #Unlock Rotary Table
splock   : "M50"     #Lock Rotary Table
s_plock  : ""        #Target string

fstrsel spunlock p_lock s_plock 2 -1
```

7）旋转轴偏置参数设定（不启用 RTCP 时对偏置值的处理方法）：受限于机床的结构特性，主旋转轴和从动旋转轴垂直，在沿 Z+ 方向有两种情况，一种是两轴的旋转中心存在一定的差值，另一种是两个旋转轴旋转中心点重合，Z 设定为 0。本实例为两旋转轴存在差值，如图 10-25 所示。

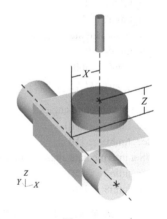

刀具中心旋转（Rotational Tool Center Point，RTCP）业内也称为刀尖跟随功能，即旋转轴旋转时控制系统根据机床物理结构、旋转中心偏置数据以及刀具长度，实时对线性轴的运动控制点进行补偿。

图　10-25

```
#Axis shift
shft_misc_r : 0    #Read the axis shifts from the misc. reals
#Part programmed where machine zero location is WCS origin-
#Applied to spindle direction, independent of RA
#Table/Table -
#Offset of tables to secondary axis relative to machine base.
#Tilt Head/Table - Head/Head -
#Part programmed at machine zero location-
#Offset in head based on secondary axis relative to machine base.
#Normally use the tool length for the offset in the tool direction
saxisx      : 0    #The axis offset direction?
```

```
saxisy     : 0    #The axis offset direction?
saxisz     : 0    #The axis offset direction?

r_intersect : 0   #Rotary axis intersect on their center of rotations
                  #Determines if the zero point shifts relative to zero
                  #or rotation with axis offset.
```

8）偏置值设定方式取决于程序编程原点的位置（由于 X、Y 偏置计算都是相对主旋转轴的回转圆心，以下仅讨论 Z 轴偏置）。

① 方式一：编程原点放置在被加工的工件上，如图 10-26 所示，"r_intersect" 参数值设定为 0。

② 方式二：编程原点放置在从动旋转轴的回转中心（旋转轴中心），如图 10-27 所示，"r_intersect" 参数值设定为 1。

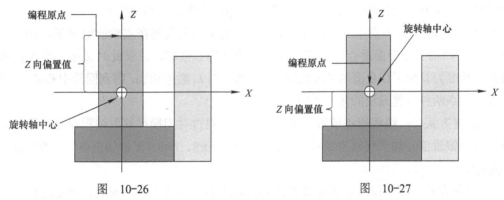

图　10-26　　　　　　　　　　　　　　　图　10-27

9）利用杂项变量的方式调整偏置值，减少由工件装夹变化带来的不便。

```
#Axis shift
shft_misc_r : 0   #Read the axis shifts from the misc. reals
```

"shft_misc_r" 变量参数值设置为 1。

刀具路径生成 G 代码时，按照图 10-28 所示顺序填写 X/Y/Z 偏置值。

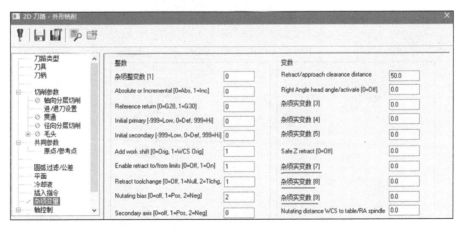

图　10-28

10）保存 PST 文件，完成文件修改。

10.3.3 工程师经验点评

后处理器组态系统使用时，需要确认刀具补正长度、回转中心坐标值、代码输出时的 X、Y、Z 坐标的补正距离，其中工件编程零点与回转中心在 X 方向重合的工况最为简便，程序输出仅需要确认 Z 轴方向的补正距离。对于批量零件加工时需要保证装夹零件的一致性。

对刀方式采用绝对方式对刀，指定基准刀具。所有刀具以基准刀具做参考计算刀长。

准确测量出回转轴旋转中心的机械坐标，测定方法如下：

1）A 轴角度为 0° 时，旋转 C 轴校正工作台。

2）校正 C 轴回转中心点坐标，记录此时机床机械坐标值，此坐标值为回转中心 X、Y 坐标值。

3）确定回转中心到 C 轴工作台台面的距离。基于上一步骤得到的机械坐标值，坐标系相对清零，沿 Y 轴测定回转中心到 C 轴工作台台面的距离 L_1（绝对值）。

4）确定回转中心 Z 坐标，定位 A 轴为 0°，基准刀具安装在主轴的前提下，测定基准刀具端面与 C 轴工作台面重合或者存在可确定的准确数值时，记录此时 Z 轴机械坐标值，间接得到基准刀具到工作台面的 Z 轴机械坐标，通过与 L_1 数值相加，得到回转中心 Z 坐标值。

编程原点两种放置方法的使用说明：

1）放置方式一：编程原点放置在工件上时，可通过对刀操作获取编程原点与回转中心原点坐标的偏置值。加工代码生成时分别输入 mr7、mr8、mr9（X 轴偏置值、Y 轴偏置值、Z 轴偏置值）。

2）放置方式二：编程原点固定放置在旋转轴中心，在加工零件安装、固定之后，从加工工件上选取特征（直线、圆弧面特征），采用对刀的方法测量得到加工工件与回转中心的相对偏差数值。将测得数值反映在 Mastercam 软件中，保持两者位置关系一致，只在杂项变量参数 mr7、mr8、mr9 中填写 L_1 数值，也可以将 L_1 作为默认偏置值。

使用以上两种方式时，需要注意偏置值的正负号，确保偏置值的有效性。